암을 부르는
10대 식품첨가물

TABETEWAIKENAI 10DAI SHOKUHINTENKABUTSU

Copyright © 2024 by Yuji Watanabe
Original Japanese edition published by Gentosha, Inc., Tokyo, Japan
Korean edition published by arrangement with Gentosha, Inc.
through Japan Creative Agency Inc., Tokyo and BC Agency,
Seoul

암을 부르는 10대 식품첨가물

초판 1쇄 발행 2026년 4월 15일

지은이 와타나베 유지
옮긴이 장하나
펴낸이 한승수
펴낸곳 문예춘추사

편집 구본영
디자인 이새봄
마케팅 박건원, 김홍주

등록번호 제300-1994-16호
등록일자 1994년 1월 24일
주소 서울특별시 마포구 동교로 27길 53, 309호
전화 02 338 0084
팩스 02 338 0087
메일 moonchusa@naver.com

ISBN 978-89-7604-798-4 13590

암을 부르는
10대 식품첨가물

와타나베 유지 지음 | 장하나 옮김

맛있는 가공식품의 치명적 대가

왜 유통기한은 길어지고
수명은 짧아지는가?

왜 우리는 화학물질을
음식이라 부르는가?

문예춘추사

※ 이 책은 2013년에 간행된 《몸을 망치는 10대 식품첨가물(体を壊す10大食品添加物)》의 데이터와 내용을 최신 정보로 업데이트하고, 내용을 대폭 추가한 개정판입니다.

시작하며

'홍국 콜레스테 헬프' 사태에서 배운 것

시판 중인 대부분의 '가공식품'에는 각종 식품첨가물이 사용됩니다. 후생노동성은 이러한 식품첨가물을 오랜 세월 규제해온 기관으로, 원칙대로라면 소비자 건강을 최우선으로 고려해 위험한 첨가물 사용을 금지해야 할 책임이 있습니다.

하지만 후생노동성은 기업 이익을 우선시하는 경향이 있어 원칙을 제대로 실행하려 하지 않습니다. 소비자청도 마찬가지입니다. 식품 표시를 감독하는 관청임에도 불구하고, 소비자 입장에서 일한다고 보기는 어렵습니다.

그러다가 2024년 3월, 고바야시제약의 '홍국(붉은 누룩) 콜레스테 헬프'를 섭취한 소비자들 사이에서 신장 질환을 동반한 건강 피해 사례가 잇따라 보고되면서 결국 사망자까지 발생하기에 이르렀습니다. 이 사건은 소비자청과 후생노동성이 소비자의 건강보다 기업 이익을 우선시하고 있음을 단적으로 보여주는 예입니다. 이제 소비자는 자신의 건강을 스스로 지킬 수밖에 없는 상황에 처하게 되었습니다.

아시다시피 '홍국 콜레스테 헬프'는 '기능성 표시 식품' 중 하나입니다. 기능성 표시 식품에 대해서는 뒤에서 자세히 설명하겠지만, '신고 제도'를 거치는 이러한 식품마저 심각한 건강 피해를 초래한 것입니다.

일반 가공식품은 어쩌면 이보다 더 위험할 수 있습니다. 신고할 필요 없이 기업이 안전성에 대한 모든 책임을 지도록 되어 있기 때문입니다. 그런데도 식품첨가물로 범벅이 된 가공식품은 여전히 시장에 넘쳐나고 있습니다. 설령 식품첨가물로 인해 건강 피해가 발생하더라도 그 인과관계를 입증하기란 기능성 표시 식품보다 더욱 어렵습니다.

가공식품은 원료와 첨가물로 만들어진다

마트나 편의점 등에 진열된 음료수, 과자, 햄·소시지, 명란, 도시락, 삼각김밥, 샌드위치, 반찬, 간장·된장, 건강보조제 등은 모두 가공식품입니다. 가공식품은 원재료를 인공적으로 처리한 식품으로, 법률에 '원재료명' 표시가 의무화되어 있습니다.

사실 이러한 가공식품은 모두 두 종류의 원재료로 만들어집니다. 하나는 쌀, 밀가루, 채소, 과일, 식육, 어패류, 식염, 간장, 설탕 같은 '식품 원료'이고, 다른 하나는 착색료, 향료, 감미료, 보존료, 발색제 같은 '식품첨가물'입니다.

식품 원료는 기나긴 음식 역사를 통해 그 안전성이 확인되었습니다. 한편, 첨가물은 그렇지 않습니다. 제2차 세계대전 후부터 사용하기 시작했으니 그 역사가 80년 정도밖에 되지 않습니다. 심지어 인간에 대한 안전성은 확인된 바 없습니다. 쥐나 개 등의 동물에게 투여하여 조사한 게 고작이기 때문입니다.

하지만 동물 실험에서 알 수 있는 사실은 암, 선천성 장애, 신장 및 간 장애, 체중 감소처럼 비교적 분명하게 나타나는 증상뿐입니다. 우리 인간이 첨가물을 섭취했을 때 받는 미묘한 영향, 즉 잇몸이나 혀의 자극, 팽만감이나 더부룩함 같은 위부 불쾌감, 하복부 통증 등, 스스로 호소하지 않으면 타인에게 전달되지 않는 이러한 증상은 동물을 통해 확인할 수 없습니다.

그런데 더 큰 문제는 동물 실험 결과, 발암성과 기형아 유발성 같은 강한 독성이 확인되었음에도 불구하고 식품첨가물 사용이 허용되고 있다는 점입니다. 예를 들어 '적색2호'라는 합성착색료는 미국에서 실시된 동물 실험 결과 '강한 발암성이 의심된다'는 이유로 사용이 금지되었습니다. 그러나 일본에서는 금지는커녕 지금도 영업용 빙수 시럽 등에서 아무렇지 않게 사용되고 있습니다.

그렇다면 자신의 몸을 지키기 위해서는 어떻게 해야 할까요? 유일한 해결책은 위험성이 높은 첨가물을 피하는 것뿐. 이것이 현실적인 방법입니다. 다시 말해 이 책에서 다루는 '10대 식품첨가물'을 섭취하지 않는 것입니다.

　오늘날 일본에서는 국민 두 명 중 한 명이 암에 걸리는 시대가 되었으며, 특히 소화기계통 암 발병률이 높다고 보고되고 있습니다. 일본 국립암연구센터의 '암 통계 예측'에 따르면 2023년 암 환자 수는 총 103만 3,800명에 달하며, 그중 대장암이 16만 1,100명으로 1위, 폐암이 13만 2,000명으로 2위, 위암이 12만 9,900명으로 3위를 차지했습니다.

　'10대 식품첨가물'의 대부분은 발암성이 인정되거나 의심되는 물질입니다. 따라서 이러한 첨가물을 피하면 대장암과 위암은 물론 다른 암도 예방할 수 있으리라 생각합니다. 나아가 간이나 신장 장애, 면역력 저하, 선천성 장애 등도 막을 수 있습니다. '10대 첨가물' 중에는 간 손상, 림프구 감소로 인한 면역력 저하, 동물 실험 결과 기형아 유발성이 확인된 물질이 있기 때문입니다. 이러한 식품첨가물은 이른바 전신을 돌아다니는 '아주 작은 면도칼' 같은 것으로, 세포를 난도질해 파괴하고 유전자 손상을 일으켜 '암세포'라는 괴물을 만들어냅니다.

식품첨가물의 경우, 첨가량이 적기 때문에 섭취한다고 해서 당장 건강이 나빠지지는 않습니다. 하지만 발암성과 기형아 유발성을 내포하고, 간과 신장 등에 악영향을 줄 우려가 있는 이상, 미량이더라도 장기간 계속해서 섭취하면 암에 걸리거나 장기 기능이 저하되는 장애가 발생할 수 있습니다.

저는 현재 69세입니다. 지금까지 아파서 병원에 입원한 적은 물론 심각한 병을 앓아본 적도 없습니다. 즉 의사의 도움을 받은 일이 거의 없다는 뜻입니다. 저는 이것이 오랫동안 식품첨가물을 피해온 덕분이라고 자부합니다.

'10대 식품첨가물을 섭취하지 않는 선택'이 여

러분의 건강을 유지하는 데에도 도움이 되기를 바랍니다.

2024년 5월
와타나베 유지

제1장

절대로 먹으면 안 되는 10대 첨가물

①

대장암과 위암을 유발하는
'발색제·아질산나트륨'

✖
✖
✖

햄과 소시지가 대장암 발병 위험을 높인다

'지금 당신이 먹고 있는 햄과 소시지는 위험해요'
라고 한다면 틀림없이 깜짝 놀랄 것이다. 하지만 이
말은 명백한 사실이다. 실제로 마트나 편의점 등에
서 판매되는 햄, 소시지, 베이컨 등을 먹으면 대장
암에 걸릴 수 있기 때문이다.

신종 코로나바이러스 감염증 대책 등으로 알려
진 세계보건기구(WHO) 산하 국제암연구소(IARC)는
2015년 10월, 세계 연구 논문 800여 편을 분석한

결과를 다음과 같이 발표했다.

"햄이나 소시지, 베이컨 등의 가공육을 1일 50g 섭취하면 직장암 혹은 결장암에 걸릴 위험이 18% 증가한다."

이는 《IARC Monographs evaluate consumption of red meat and processed meat》(WHO PRESS RELEASE)에 게재된 내용이다. 따라서 만일 이러한 가공육을 하루에 300g 먹는다면 단순 계산으로 따져봐도 '18%×6(배)=108%'라는 결과가 나와 대장암은 피할 수 없게 된다. 국제암연구소에서는 이러한 가공육을 '1군(Group 1, 인간에게 발암성이 있다)' 물질로 분류했다.

참고로 국제암연구소는 발암 상황 감시, 발암 원인 특정, 발암물질의 메커니즘 해명, 발암 제어의 과학적 전략 확립 등을 위해 활동하는 국제기관이다. 본부는 프랑스 리옹에 있으며, 프랑스, 독일, 미국, 영국, 캐나다, 덴마크, 네덜란드, 스페인, 스웨덴, 스위스, 한국, 일본 등 많은 나라가 참여하고 있다. 이들 국가에서 파견된 암 연구자들이 연구에 매진하고 있다.

'왜 매일 먹는 햄과 소시지가 암을 일으키는 거야!' 하고 분노 비슷한 감정을 느끼는 사람도 있을 것이다.

암을 유발하는 원인은 첨가된 발색제인 '아질산나트륨'이다. 이 아질산나트륨이 발암물질로 변하는 것이다. 마트나 편의점에서 누구나 햄이나 소시지를 사본 경험이 있을 텐데, 제품 뒷면의 '원재료명'을 보면 대부분 '발색제(아질산나트륨)'가 표시되어 있다. 닛폰햄, 이토햄, 프리마햄 등 대형업체 제품을 자세히 살펴보자. 무조건이라 해도 좋을 만큼 이 글자가 있을 것이다. 이것이 바로 대장암을 일으키는 주범이다.

시판되는 햄, 소시지, 베이컨의 주원료는 돼지고기이며, 돼지고기에는 미오글로빈 같은 붉은 색소가 들어 있다. 하지만 미오글로빈은 시간이 지나면서 산화되어 색이 변하고, 그로 인해 제품의 색이 점점 갈색으로 바뀌게 된다. 이렇게 되면 외관상 보기 좋지 않아 판매에 불리하게 작용한다. 이를 방지하기 위해 사용되는 물질이 바로 식품첨가물 일종인 아질산나트륨이라는 발색제다.

아질산나트륨은 반응성이 매우 높은 화학물질로, 미오글로빈과 반응하면 선명한 붉은 색소를 만들어낸다. 덕분에 햄이나 베이컨이 거무스름하게 변색되지 않고 선명한 붉은빛을 유지할 수 있는 것이다. 이러한 이유로 아질산나트륨은 햄, 소시지, 베이컨 같은 가공육 제조에서 빠질 수 없는 물질이 되었다.

그러나 아질산나트륨은 반응성이 높기 때문에 고기 속에 포함된 아민이라는 물질과도 쉽게 반응한다. 그 결과 니트로소아민류(나이트로소아민류)라는 물질이 생성되는데, 이는 매우 강력한 발암물질로 알려져 있다. 대장암은 바로 이 물질 때문에 유발된다고 여겨진다.

시판 햄에 식품첨가물이 대량 사용되는 이유

옛날 방식으로 햄을 만들려면 많은 시간과 정성이 필요하다. 식염을 푼 물에 고기를 며칠 동안 담가 두고 천천히 훈연해야 하기 때문이다. 여기에 고기를 담그는 공정은 햄 만들기에서 가장 중요한 핵심이라 할 수 있는데, 이 과정을 통해 고기에 식염이 스며들어 저장성이 높아지고 풍미도 한층 깊어진다. 다만, 이러한 공정에는 보통 1주일 이상이 소요된다.

이런 방식으로는 햄을 대량 생산하기 어렵기 때문에 이윤을 높이기 어렵다. 이러한 이유로 대형 햄 제조업체들은 주사기 같은 기계를 사용해 식염수를 고기 속에 직접 주입함으로써 제조 시간을 크게 단축시켰다. 이때 사용되는 식염수에는 단백질 성분이 녹아 있어 고기에 함께 주입되는데, 시판되는 햄의 원재료명에 표시된 '유단백'이나 '난단백'이 바로 그것이다. 이는 고기에 단백질을 첨가해 부피를 늘리려는 의도적인 조치다. 시판 중인 햄은 수분감이 많고 맛이 싱겁다고 느껴지는 경우가 많은데, 이는 아마도 이런 제조 방식 때문일 것이다.

식염수에는 그 밖에도 '물엿' 등의 당류, '카제인나트륨', '증점다당류', '인산염' 등의 첨가물, 그리고 문제의 발색제인 '아질산나트륨' 등 여러 가지

물질이 들어 있다.

청산가리 수준의 독성?

아질산나트륨은 수많은 첨가물 가운데에서도 가장 위험한 물질 중 하나다. 그 이유는 급성 독성이 매우 강하기 때문이다. 실제로 지금까지 보고된 중독 사고 사례를 바탕으로 산출된 인체 치사량은 겨우 0.18~2.5g에 불과하다.

참고로 맹독성 물질인 청산가리(시안화칼륨)의 치사량은 0.15~0.3g이다. 아질산나트륨의 치사량은 범위가 비교적 넓지만, 최소 수치인 0.18g은 청산가리와 거의 차이가 없다. 가령 햄이나 소시지 등에 아질산나트륨이 일정량 이상 첨가될 경우, 독성 사고가 발생할 우려가 있다. 이 때문에 후생노동성에서는 첨가량을 엄격히 제한하고 있다.

따라서 시판 중인 햄이나 소시지, 베이컨을 먹는다고 해서 당장 건강에 이상이 생기지는 않겠지만, 그렇다고 해도 이렇게 독성이 강한 화학물질을 식

품에 사용하는 것이 과연 정당한가에 대한 근본적
인 의문은 여전히 남는다.

게다가 앞서 언급했듯이, 아질산나트륨은 고기
에 다량 포함된 아민이라는 물질과 반응해 발암성
이 있는 니트로소아민류로 변한다는 심각한 문제를
안고 있다. 아민은 질소를 포함한 물질로 식물이나
동물 체내에 존재하며, 특히 어란, 어육, 식육에 많
이 함유되어 있다.

참고로 아드레날린이나 노르아드레날린 같은
호르몬, 알레르기 유발 물질로 알려진 히스타민 등
은 모두 아민의 일종이다. 아민은 그 화학 구조에
따라 1급 아민, 2급 아민, 3급 아민으로 분류된다.
이 중 2급 아민은 아질산나트륨이 반응할 경우, 니
트로소아민류라는 화학물질로 변하는데, 이 물질은
매우 강한 발암성을 지닌 것으로 알려져 있다.

니트로소아민류는 10종류 이상이 있다고 알
려져 있으며, 이들 모두 동물 실험을 통해 발암
성이 인정되었다. 그중에서도 대표적인 N-니
트로소디메틸아민의 발암성은 특히 강해서 단
0.0001~0.0005%를 먹이와 음료수에 섞어 래트에

게 급여한 실험에서 간과 신장에 암이 발생한 사실
이 확인되었다.

위와 장에서 발암성 물질이 발생했다

니트로소아민류는 산성 환경에서 생성되기 쉽다고
알려져 있다. 위 속은 염산으로 이루어진 위산으로
가득 차 있어 매우 강한 산성을 띤다. 따라서 위 속
에 아질산나트륨과 아민이 동시에 들어가면 서로
반응하여 니트로소아민류가 생성된다. 즉 햄이나
소시지, 베이컨을 먹으면 이들에 함유된 아질산나
트륨과 아민이 위 속에서 화학 반응을 일으켜 니트
로소아민류라는 강력한 발암물질이 발생할 가능성
이 있다.

참고로 아초산염(아질산나트륨은 아초산염의 일종)과
아민 등을 동물에게 동시에 투여한 실험에서는 위
속에서 니트로소아민류가 생성되어 암이 발생했다
(다니무라 아키오 저,《식품첨가물의 실제 지식 제3판(食品添加
物の実際知識第3版)》, 도요게이자이신문사).

또한, 햄이나 소시지, 베이컨 같은 가공육 내부에서 아질산나트륨과 아민이 반응해 니트로소아민류가 생성되는 경우도 있다. 지금까지 실시된 검사 결과에 따르면 식육 제품, 즉 가공육에서 니트로소아민류가 종종 검출되는 것으로 나타났다(이즈미 구니히코 저, 《발암물질 사전(発がん物質事典)》, 고도출판).

더불어 식육에 포함된 단백질은 위와 장에서 아미노산으로 분해되는데, 그 일부가 장내 세균에 의해 아민으로 변하고, 그것이 아질산나트륨과 반응해 니트로소아민류로 변하는 경우도 있다. 이처럼 위와 장 속에서 니트로소아민류가 매일 발생하면 대장 점막 세포의 유전자가 니트로소아민류로 인해 변이되어 곧 암세포가 되고, 그것이 증식하면 암세포 덩어리, 즉, 암이 된다.

직장과 결장에 암이 발생하기 쉬운 이유

대장은 주로 상행결장, 횡행결장, 하행결장, S상결장, 직장으로 나뉘는데, 암이 호발하는 부위는 S상결장과 직장이라는 사실이 밝혀졌다. 잘 알려져 있듯이 이들 부위는 소화 과정을 거친 음식물, 즉 대변이 머무르는 곳이다.

따라서 대변에 니트로소아민류 같은 발암성 물질이 포함되어 있다면, 그 물질이 S상결장이나 직장 부위에 머무르면서 점막 세포에 작용해 유전자를 변이시키게 된다. 이러한 작용이 반복되면 정상 세포가 암세포로 변화하는 세포의 암화가 진행되고, 암세포는 점차 증식해 결국 암으로 이어질 수 있다. 이 때문에 앞서 언급했듯이 국제암연구소가 "햄이나 소시지, 베이컨 등의 가공육을 1일 50g 섭취하면 직장암 혹은 결장암에 걸릴 위험이 18% 증가한다"고 발표한 것이다.

게다가 하행결장과 횡행결장에서도 드물게 암이 발생할 수 있다. S상결장과 직장에 비하면 대변이 머무는 시간은 짧지만, 대변 속에 발암성 물질이 들어 있다면 이러한 장 점막에도 영향을 미칠 수 있기 때문이다.

덧붙이면 시판되는 햄과 소시지에는 모두 산화방지제인 비타민C가 첨가되어 있는데('산화방지제(비타민C)'라고 표시된다), 이는 니트로소아민류 생성을 막기 위해서다. 비타민C에는 항산화 작용이 있어 아질산나트륨이 아민과 반응하는 것을 막는 작용을 한다. 그러나 아무리 비타민C를 첨가한들 니트로소 아민류 발생을 충분히 막을 수 없는 것이 현실이다.

굳이 '아질산나트륨'을 첨가하는 이유

아질산나트륨은 1957년 7월에 첨가물로 인가(지정) 되었다. 하지만 당시 후생성은 아질산나트륨 사용을 그다지 탐탁지 않게 여기는 분위기였다. 그도 그럴 것이 이 물질은 독성이 매우 강하기 때문이다. 하지만 서구에서는 이미 아질산나트륨이 널리 사용되고 있었기에, 업계의 강한 요구가 더해지면서 결국 인가되고 말았다. 발색제로 사용되는 아질산나트륨은 업체 입장에서는 매우 편리한 첨가물이다.

아질산나트륨에는 두 가지 작용이 있다. 하나는 앞서 언급했듯이 햄을 선명한 붉은빛으로 유지하는 것이고, 또 하나는 식중독을 예방하는 것이다. 아질산나트륨에는 보툴리누스 중독 예방 효과가 있다.

보툴리누스 중독은 19세기 유럽에서 햄과 소시지를 먹은 사람에게서 처음 발생했으며, 일본에서도 간혹 발생하는 식중독이다. 일본에서는 1951년에 보툴리누스 중독이 최초로 보고되었다. 홋카이도 이와나이초에서 청어 이즈시(발효 초밥)를 먹은 14명에게 중독 증상이 나타났고, 그 가운데 4명이 사망했다.

보툴리누스 중독을 일으키는 독소는 인체의 중추신경계에 작용해 그 기능을 마비시킨다. 그 결과 시력 장애, 산동(동공이 커지는 현상), 운동 장애, 급성 위장염, 점막 출혈, 소뇌·척수 출혈, 신장병 등의 증상이 나타나며, 중증으로 진행될 경우 사망에 이를 수 있다. 아질산나트륨은 강한 살균력을 지녀 보툴리누스균 증식을 억제한다. 이 때문에 유럽과 미국에서는 주로 식중독 예방을 목적으로 첨가되고 있다.

참고로 아질산나트륨이 첨가된 햄을 여름철에 투명한 포장지에 든 채로 상온에서 몇 달간 방치한 적이 있는데 전혀 상하지 않았다. 반면, 아질산나트륨이 첨가되지 않은 햄은 1주일 정도 지나자 포장지가 부풀어오르면서 부패가 시작되었다. 이는 아질산나트륨의 살균력이 매우 강하다는 사실을 보여주는데, 바꿔 말하면 독성이 그만큼 강하다는 점을 시사한다.

그러나 햄이나 소시지를 먹고 보툴리누스 중독이 발생한 사례는 19세기에 있었던 일이다. 당시에는 제조 환경의 위생 상태가 좋지 않아 보툴리누스 균에 중독된 것으로 보인다. 현재는 위생 관리가 철저히 이루어지고 있어 보툴리누스 중독 사례는 거의 발생하지 않는다.

나중에 자세히 설명하겠지만, 일본에서는 아질산나트륨이 첨가되지 않은 햄과 소시지, 베이컨도 판매되고 있으며, 지금까지 이로 인해 보툴리누스 중독이 발생한 사례는 단 한 건도 없다.

마트나 편의점에도 아질산나트륨이!

가공육을 대표하는 식품으로는 햄, 소시지, 베이컨이 있지만, 그 밖에 다른 식품도 있다. 바로 스팸이다.

스팸의 원재료 역시 햄이나 소시지처럼 돼지고기다. 다만, 완전히 밀봉된 캔 제품이라서 일단 제품화되면 산소와 거의 접촉하지 않아 부패할 우려가 적다. 언뜻 생각하면 내용물이 거무스름해질 염려가 없으니 발색제를 사용할 필요가 없어 보이지만, 실제로는 그렇지 않다. 아질산나트륨이 사용된다. 심지어 산화방지제인 비타민C도 첨가되지 않는다.

앞서 설명했듯이 비타민C는 니트로소아민류 발생을 방지하기 위해 햄과 소시지 등에 첨가되는 물질이다. 이 말은 곧 햄이나 소시지보다 스팸에 니트로소아민류가 발생하기 쉽다는 뜻이다.

콘비프 역시 통조림 제품이 많은데, 여기에도 아질산나트륨이 사용된다. 단, 이 제품에는 비타민C가 함께 첨가된다. 그리고 돼지갈비의 경우, 예전에는 아질산나트륨이 사용되지 않은 경우가 많았지만, 최근 들어 사용되는 제품이 늘고 있으며, 비타민C도 대부분 첨가된다. 이 외에 소고기 육포와 살라미는 맥주 안주로 인기가 있는 제품인데, 여기에도 아질산나트륨과 비타민C가 함께 첨가된다.

햄이나 소시지는 단독으로 판매되기도 하지만, 다양한 식품의 재료로도 사용된다. 그 대표 제품이 마트나 편의점에서 판매되는 샌드위치다.

샌드위치에는 다양한 종류가 있는데, 대다수 제품에 햄이 들어간다. 햄 샌드위치나 햄커틀릿 샌드위치는 말할 것도 없고 믹스 샌드위치나 야채 샌드위치에도 사용되는 경우가 있다.

이처럼 다양한 식품에 사용되는 햄에는 대부분 발색제인 아질산나트륨이 첨가된다. 따라서 이러한 샌드위치를 자주 섭취하면 대장암에 걸릴 위험이 높아진다. 핫도그 역시 소시지를 핫도그 번에 끼운 제품으로, 소시지 크기에는 제품마다 차이가 있지만 여기에도 아질산나트륨이 첨가된다.

그리고 소시지는 편의점 등에서 파는 나폴리탄 등의 파스타에도 사용된다. 특히 카르보나라 같은 경우는 베이컨이 들어간 제품이 많아서 주의가 필요하다. 그 밖에 마트나 슈퍼에서 파는 도시락도 조심해야 한다. 햄이나 소시지를 재료로 사용하는 제품이 많기 때문이다. 밥과 몇 가지 반찬으로 구성된 마쿠노우치 도시락이 바로 그 전형적인 예다.

우선, 햄이나 소시지, 베이컨 등이 들어간 제품 중 원재료명에 '발색제(아질산나트륨)'라고 표시된 제품은 각별히 주의하자.

'아질산나트륨'이 첨가되지 않은 햄과 소시지를 고르자

햄이나 소시지, 베이컨 제품 중에는 다행히 발색제인 아질산나트륨을 사용하지 않은 제품도 마트 등에서 판매되고 있다. 대표적인 예가 신슈햄(나가노현 우에다시)의 그린 마크 시리즈다. 이 시리즈에 들어가는 햄, 소시지, 베이컨에는 아질산나트륨이 사용되지 않는다.

예를 들어 '그린 마크 로스 슬라이스' 원재료는 '돼지로스고기(수입), 난단백, 당류(분말물엿, 설탕), 식염, 단백가수분해물, 효모추출물, 식물유지/난각칼슘, 향신료추출물'이다. 어디에도 '발색제(아질산나트륨)'라는 표시는 없다. 즉 아질산나트륨을 사용하지 않고 제조한 제품이다. '/' 뒤에 표시된 난각칼슘과 향신료추출물은 첨가물이다. 난각칼슘은 달걀껍데기에서 얻은 칼슘 성분으로, 안전성에 문제는 없다. 그리고 향신료추출물은 마늘이나 후추 같은 향신료에서 일정 성분을 추출한 것으로, 여기에도 안전성에 문제가 없다.

그 밖에 '단백가수분해물'은 고기나 대두 등의 단백질을 분해한 물질로 첨가물이 아니라 식품으로 분류된다.

신슈햄에서는 '그린 마크 본레스 슬라이스', '그린 마크 아라비키 포크 비엔나', '그린 마크 호소비키 포크 비엔나', '그린 마크 베이컨' 등도 출시했는데, 이들 제품에도 모두 아질산나트륨은 사용되지 않았다.

대형 마트에서도 아질산나트륨이 첨가되지 않은 자체 브랜드 제품을 판매한다

대형 마트도 자체 브랜드(PB, Private Brand)로 아질산

나트륨을 사용하지 않은 햄이나 소시지, 베이컨을 판매하고 있다.

세븐아이홀딩스에서는 신슈햄과 공동으로 아질산나트륨을 사용하지 않은 햄과 소시지, 베이컨을 개발하여 '세븐 프리미엄' 상품으로 출시했다. 예컨대 '세븐 프리미엄 무첨가 포크 비엔나 아라비키'의 원재료는 '돼지고기(수입), 돈지방, 환원물엿, 식염, 물엿, 대두단백, 포크추출물, 효모추출물, 양파추출물, 양조식초, 버섯추출물, 콜라겐, 향신료/패칼슘, 향신료추출물'로, 앞서 언급한 '그린 마크 아라비키 포크 비엔나'의 원재료와 같다.

그 밖에도 '세븐 프리미엄 무첨가 슬라이스 햄', '세븐 프리미엄 무첨가 베이컨' 등이 있는데, 이들 제품 역시 아질산나트륨이 사용되지 않는다.

또한, 이온회사의 '톱밸류 프리 프롬' 시리즈 제품에도 아질산나트륨이 사용되지 않는다. 예를 들어 '톱밸류 프리 프롬 로스 슬라이스' 원재료는 '돼지로스고기(미국산), 난단백, 당류(물엿, 설탕), 식염, 단백가수분해물(유성분·돼지고기 함유), 효모추출물, 식물유지'이며, 다른 첨가물로는 '난각칼슘, 향신료추출물'로, 아질산나트륨이 포함되어 있지 않음을 확인할 수 있다. '톱밸류 프리 프롬 포크 아라비키 비엔나', '톱밸류 프리 프롬 호소비키 비엔나', '톱밸류 프리 프롬 베이컨 슬라이스' 등도 아질산나트륨은 사용되지 않는다. 게다가 이들 제품은 항생제를 사용하지 않고 사육한 돼지고기를 원재료로 사용하고 있다.

'아질산나트륨'을 사용하지 않는 대형업체의 햄 제품들

아질산나트륨이 함유되지 않은 대형업체 제품들도 있다. 닛폰햄의 '안티에 무첨가 소시지' 시리즈가 바로 그것이다.

예를 들어 '안티에 무첨가 소시지 레몬&파슬리' 원재료는 '돼지고기(수입, 국산), 돈지방, 식염, 가공식초, 포크추출물, 향신료, 돼지콜라겐, 당류(설탕, 물엿), 레몬과즙/인산염, 향신료추출물'이다. 여기에서 첨가물은 인산염과 향신료추출물뿐이다.

인산염은 육류 조직의 결착성이나 신전성을 높

이기 위한 목적으로 사용된다. 단, 과도하게 섭취할 경우, 칼슘 흡수를 방해해 뼈가 약해질 우려가 있으므로 잦은 섭취는 피하는 편이 좋다. 향신료추출물은 마늘이나 후추 같은 향신료에서 특정 성분을 추출한 물질로, 앞서 언급했듯이 안전성에는 문제가 없다.

안티에 무첨가 소시지 시리즈에는 '안티에 무첨가 소시지 블랙페퍼', '안티에 무첨가 소시지 올리브&바질' 등이 있는데, 모두 아질산나트륨이 사용되지 않는다. 게다가 맛도 훌륭하다(개인적인 감상이지만). 이처럼 마트에서는 아질산나트륨이 첨가되지 않은 햄, 소시지, 베이컨도 판매하고 있으니 가능하면 이러한 제품을 선택하도록 하자.

한편, 편의점이나 마트 등에서 판매되는 샌드위치에는 앞서 언급했듯이 일반 햄이 사용되어 아질산나트륨이 포함되어 있다. 핫도그도 마찬가지다.

햄이나 소시지와 마찬가지로 특히 주의해야 할 식품이 있다. 바로 명란이다. 명란에도 발색제인 아질산나트륨이 첨가되어 어란에 다량 함유된 아민과 반응해 니트로소아민류가 생성될 수 있기 때문이다. 따라서 명란을 자주 먹으면 위암에 걸릴 위험이 높아진다. 실제로 이와 관련된 역학 데이터가 있다.

일본 국립암연구센터 '암 예방·검진 연구센터'(현 사회와 건강연구센터)의 쓰가네 쇼이치로 센터장이 위암과 식염 섭취 관계를 알아보기 위하여 40~59세 남성 2만여 명을 대상으로 약 10년간 추적 조사했다. 그 결과 식염 섭취량이 많은 남성일수록 위암에 걸릴 위험이 높다는 사실이 밝혀졌다. 게다가 명란 같은 염장 어란을 자주 먹는 사람은 먹지 않는 사람보다 2배 이상이나 위암 발생률이 높았다.

참고로 일본 국립암연구센터는 일본 내에서 발생하는 암을 중심으로 연구하는 기관이다. 또한, 흡연과 폐암의 연관성을 밝혀내는 등 역학 조사 분야에서 많은 실적을 보유한 연구 기관이기도 하다.

이 조사에서는 염장 어란을 먹는 빈도를 '거의 먹지 않는다', '주 1~2일 먹는다', '주 3~4일 먹는다', '거의 매일 먹는다'로 분류했다.

그 결과 '거의 먹지 않는다'는 사람의 위암 발생률을 1로 기준 잡았을 때, '주 1~2일 먹는다'는 사람은 1.58배, '주 3~4일 먹는다'는 사람은 2.18배, 그리고 '거의 매일 먹는다'는 사람은 2.44배까지 증가했다. 요컨대 염장 어란을 많이 먹을수록 위암 발생률이 높아지는 비례 관계가 형성된 것이다. 따라서 염장 어란이 위암 발생률을 높인다는 것은 거의 틀림없는 사실이라고 할 수 있다.

그렇다면 왜 이런 결과가 나왔을까? 쓰가네 센터장은 그 이유를 다음과 같이 분석했다.

"염분 농도가 높은 식품은 점액을 녹이기 때문에 강한 산성인 위액에 의해 위 점막이 완전히 손상될 수 있다. 그 결과 위에 염증이 생기고, 손상된 위 세포는 분열을 거쳐 재생된다. 이때 음식물 등에 섞여 들어온 발암물질이 작용함으로써 암에 걸리기 쉬운 환경이 조성되는 게 아닐까 추측된다."(쓰가네 쇼이치로, 《암에 걸리는 사람, 걸리지 않는 사람》, 고단샤)

다시 말해 식염을 많이 섭취하면 위 점막이 헐게 되는데, 점막은 재생되기 때문에 당장 암이 발생하지는 않는다. 다만 재생 과정, 즉 위점막 세포가 분열할 때 어떤 발암성 물질이 작용하면 암에 걸리기 쉬워진다는 의미다. 그리고 이 '발암성 물질'이란, 바로 아질산나트륨과 아민이 반응해 생성된 니트로소아민류가 아닐까 싶다.

'타르색소'가 암 발생을 부추긴다?!

명란젓의 원료인 명태 알에는 붉은 색소가 들어 있는데, 시간이 지나면 산화되어 거무스름해진다. 그렇게 되면 명란젓이 '맛없어' 보이기 때문에 이를 막기 위해 아질산나트륨을 첨가하는 것이다. 아질산나트륨은 붉은 색소와 반응해 안정된 상태를 유지시켜 선명한 분홍빛을 띠게 만들어 제품이 계속 신선해 보이는 효과를 낸다.

그러나 아질산나트륨은 반응성이 높기 때문에 어란에 들어 있는 아민과도 반응하여 니트로소아민류를 생성한다. 게다가 명란젓이나 구운 명란에는 위암 발생률을 높이는 첨가물이 하나 더 들어 있다. 바로 타르색소라는 착색료다.

명란젓에는 붉은 고추가 사용되지만, 이것만으로는 선명한 붉은빛을 내기 어렵다. 그래서 타르색소인 적색40호나 황색5호, 적색102호, 적색106호 등이 사용된다. 또한, 시판되는 명란에도 적색40호나 황색5호, 적색102호 등이 사용된다. 이러한 타르색소는 시간이 지나도 색이 바래지 않기 때문에 오랜 시간이 지나도 선명한 붉은빛이나 핑크빛을 유지할 수 있다.

타르색소에 대해서는 4절에서 자세히 설명하겠지만, 일본에서는 적색2호, 적색40호, 적색102호, 적색106호, 황색5호 등 총 12품목의 타르색소가 첨가물로 허가되어 있다.

하지만 이 12품목 모두 동물 실험 결과와 화학 구조 분석을 통해 발암 가능성이 있다는 점이 밝혀졌다. 따라서 타르색소와 아질산나트륨이 아민과 반응해 생성되는 니트로소아민류가 위 점막 세포의 유전자를 변이시키고, 이러한 변이가 반복되면서 암세포가 발생해 위암으로 이어지는 것으로 볼 수 있다.

'무착색' 제품에도 '아질산나트륨'은 사용된다

염장 어란 일종인 이쿠라(연어알이나 송어알을 소금물에 절인 식품-역자)는 어떨까? 예전에는 아질산나트륨이 첨가된 제품이 많았지만, 요즘에는 거의 사용되지 않는다. 따라서 원재료명에 '발색제(아질산나트륨)'라는 표시도 거의 보이지 않는다. 단, 연어알젓 경우에는 여전히 아질산나트륨이 첨가된 제품이 많고, 게다가 붉은색 계열의 타르색소가 사용되는 경우도 있다. 그러므로 원재료명을 꼼꼼히 확인하고, '발색제(아질산나트륨)', 혹은 '적색○호' 등의 표시가 있는 제품은 피하는 것이 좋다.

한편 햄이나 소시지, 베이컨 경우는 앞서 언급했듯이 아질산나트륨이 첨가되지 않은 제품도 다수 판매되고 있다. 그렇다면 명란젓이나 구운 명란은 어떨까?

　마트 등에서는 '무착색'이라고 표시된 제품이 판매되고 있다. 이는 타르색소 등을 사용해 붉게 착색하지 않았다는 의미다. 하지만 그러한 제품이라도 원재료명을 잘 살펴보면 '발색제(아질산나트륨)'라는 표시가 있는 경우가 많다. 즉 타르색소는 사용하지 않지만, 아질산나트륨은 첨가되었다는 뜻이다. 아질산나트륨을 첨가하면 어란이 거무스름하게 변하는 현상을 방지할 수 있으며, 햄이나 소시지와 마찬가지로 부패를 막아주는 역할도 한다.

　내가 조사한 바로는 시판되는 명란젓이나 구운 명란에서 아질산나트륨이 첨가되지 않은 제품은 거의 없었다.

편의점 삼각김밥은 '아질산나트륨'을 첨가하지 않는다!

명란젓이나 구운 명란은 편의점이나 마트에서 판매되는 삼각김밥에도 사용된다. 그렇다면 그러한 제품은 어떨까?

예전에는 편의점 삼각김밥에 들어가는 명란젓이나 구운 명란에 아질산나트륨이 사용되어 원재료명을 보면 '발색제(아질산나트륨)'라는 표시가 있었다. 하지만 내가 책과 잡지 등에서 편의점 삼각김밥에 들어가는 명란젓이나 구운 명란에 아질산나트륨이 첨가되는 점을 지적하며 그 위험성을 집요하게 제기한 영향인지, 요즘은 대부분 아질산나트륨이 사용되지 않는다. 세븐일레븐, 패밀리마트, 로손에서 판매 중인 명란젓 삼각김밥이나 구운 명란 삼각김밥의 원재료명을 한번 살펴보기 바란다. '발색제(아질산나트륨)'가 표시된 제품은 거의 찾아보기 어렵다.

'정말 아질산나트륨을 사용하지 않았을까?' 하고 의심하는 사람도 있으리라 생각한다. 하지만 내가 세븐일레븐의 명란젓 삼각김밥을 제조하는 식품 회사에 직접 확인한 결과, '아질산나트륨은 사용하지 않는다'는 명확한 답변을 받았다. 만약 실제로 사용했음에도 불구하고 표시하지 않았다면 식품표시법 위반으로 적발되는 건 물론, 그 사실이 보도될 경우, 세븐일레븐의 신용과 매출에도 심각한 타격을 입게 될 것이다.

대신 천연착색료를 사용한다

그렇다면 식품이 거무스름해지는 현상은 어떻게 막을 수 있을까?

실제로는 천연착색료인 카로티노이드나 홍국색소를 사용해 색을 붉게 보이도록 조절하고 있다. 카로티노이드는 식물에 함유된 주황색 색소로 고추색소, 토마토색소, 캐롯카로틴 등이 이에 해당한다. 자연에서 유래된 성분인 만큼 대부분 안전성에는 문제가 없다.

한편, 홍국색소는 붉은 누룩곰팡이 균체에서 추출한 붉은 색소다. 홍국색소를 5% 포함한 먹이를 래트에게 13주간 먹인 실험에서 신장 일부에 괴사가 발생했다는 보고가 있다. 다만, 상당히 많은 양을 투여한 실험이었기 때문에 첨가물로 소량 섭취하는 정도로는 거의 영향을 미치지 않을 것으로 보인다.

　여기서 고바야시제약의 '홍국 콜레스테 헬프' 사건을 떠올리는 사람도 있을 것이다. 앞에서도 언급했지만, 이 제품은 붉은 누룩, 즉 홍국균으로 쌀이나 쌀눈을 발효시켜 만든 '홍국'을 원료로 한 건강보조제로, 이 제품을 섭취한 사람들 사이에서 신장 질환을 동반한 건강 피해가 잇따라 보고되면서 사망자까지 발생하는 사태로 이어졌다.

　문제의 홍국 원료에서 '푸베룰린산'이라는 물질이 발견되었는데, 이 성분은 원래 푸른곰팡이가 만들어내는 물질로 알려져 있다. 말라리아 원충을 억제하는 강력한 효과가 있는 것으로 보아 독성이 상당히 강한 물질로 추정된다. 따라서 푸베룰린산이 신장 장애를 일으킨 것이 아닐까 의심된다.

　그러나 홍국균이 푸베룰린산을 생성하는 것은 아니다. 이번 사태는 특수한 사례로, 홍국균을 이용해 만든 '홍국색소'에는 푸베룰린산이 들어 있지 않다. 따라서 홍국색소를 섭취한다고 해서 '홍국 콜레스테 헬프'를 섭취한 사람들처럼 신장 장애가 발생할 가능성은 없을 것이다.

②

치매와 뇌졸중을 증가시키고
간에도 영향을 미치는 '합성감미료 3품목'

✖
✖
✖

'합성감미료'가 치매와 뇌졸중 위험을 높인다!

설탕 등의 당류는 당뇨병이나 비만의 원인이 된다
고 하여 소비자들이 피하는 경향이 있다. 그래서 업
체들은 이러한 당류 대신 합성감미료(인공감미료)인
'아스파탐, 수크랄로스, 아세설팜칼륨'을 사용한다.
예를 들어 콜라, 사이다, 주스, 스포츠음료, 캔커피,
무알코올 맥주, 발포주 등과 같은 음료에서 저칼로
리 또는 제로칼로리 제품에는 아스파탐, 수크랄로
스, 아세설팜칼륨이 사용된다.

그런데 이러한 합성감미료가 들어간 음료를 마시면, 오늘날 사회 문제로 대두된 치매나 뇌졸중에 걸릴 위험이 높아진다. 2017년 4월, 미국에서는 합성감미료가 들어간 다이어트 음료를 하루 1회 이상 마신 사람은 그렇지 않은 사람보다 허혈성 뇌졸중이나 알츠하이머형 치매에 걸릴 확률이 약 3배 높다는 역학 보고가 발표되었다. 참고로 의학 연구에서는 수십 퍼센트 차이가 나면 학계의 주목을 받게 되는데, 약 3배, 즉 그 비율이 '200%'나 더 높다는 결과는 가히 충격적이라 할 수 있다.

미국에서는 일찍이 저칼로리 또는 제로칼로리 콜라 등의 청량음료에 합성감미료를 사용해왔다. 이는 비만이나 고혈압, 심장병에 걸리는 사람이 많기 때문에 합성감미료를 통해 그 위험을 막아보려는 취지에서 비롯된 것이다. 여기서 말하는 합성감미료란 아스파탐, 수크랄로스, 아세설팜칼륨, 사카린나트륨 등을 일컫는다.

'합성감미료'는 치매에 걸릴 확률을 2.89배, 뇌졸중에 걸릴 확률을 2.96배 높인다

그런데 합성감미료는 치매나 뇌졸중에 걸릴 위험을 높인다. 이와 관련된 사실은 보스턴대학 등의 연구진이 《Stroke》(May 2017)에 〈Sugar-and Artificially Sweetened Beverages and the Risks of Incident Stroke and Dementia: A Prospective Cohort Study〉라는 제목으로 그 연구 성과를 발표했다.

해당 연구진은 1971년부터 매사추세츠주 플라밍엄 마을에서 주민 건강을 지속적으로 추적 조사해왔다. 그리고 1991년부터 2001년까지 실시한 조사에 따르면, 뇌졸중은 45세 이상 남녀 2,888명, 치매는 60세 이상 남녀 1,484명을 대상으로 식습관 등을 상세히 조사한 뒤, 이들 중 10년 이내 뇌졸중에 걸린 97명과 치매에 걸린 81명에 대해 분석을 실시했다.

그 결과 성별이나 흡연 습관 등 발병에 영향을 미칠 수 있는 요인을 제외하고 분석한 결과, 합성감미료가 들어간 다이어트 음료를 하루 1회 이상 마신 사람은 그렇지 않은 사람보다 알츠하이머형 치매에 걸릴 확률이 2.89배, 허혈성 뇌졸중에 걸릴 확률이 2.96배 높은 것으로 나타났다.

왜 치매나 뇌졸중 발생률이 증가했는지에 대한 정확한 이유는 밝혀지지 않았다. 다만, 설탕이 들어간 음료를 마신 사람의 경우에는 치매나 뇌졸중 영향을 크게 받지 않은 것으로 확인되었다. 따라서 아스파탐, 수크랄로스, 아세설팜칼륨 등의 합성감미료가 치매나 뇌졸중 발병률을 높이는 원인일 것이다. 원래 이 세 가지 합성감미료는 발암성이 의심되고, 간 손상이나 면역력 저하 같은 문제점이 지속적으로 지적되어왔다.

껌이나 사탕, 초콜릿에 들어 있는 '아스파탐'이 뇌졸중을 일으킨다?

아스파탐은 청량음료 외에도 껌이나 사탕, 젤리, 초콜릿, 청량과자, 다이어트감미료 등 수많은 제품에 사용되는데, 미국과 일본에서는 그 안전성을 둘러싸고 지금도 논쟁이 이어지고 있다.

아스파탐은 아미노산인 L-페닐알라닌과 아스파라긴산에 독성이 강한 메틸알코올을 결합시켜 만든 물질로 설탕보다 180~220배 정도 단맛이 강한데, 1965년에 미국 제약회사 지디 설앤컴퍼니에서 개발되어 미국과 캐나다, 프랑스 등지에서 사용이 허가되었다. 일본에서는 아지노모토 주식회사가 수출용으로 아스파탐을 제조하기 시작했으며, 미국 정부의 강력한 요구에 따라 1983년 일본에서도 사용이 허가되었다. 이로써 미국에서 제조된 아스파탐이 들어간 식품을 일본에도 수입할 수 있게 되었다.

미국에서 아스파탐 사용이 허가된 시기는 1981년이다. 하지만 섭취한 사람에게서 두통과 현기증, 불면증, 시력·미각 장애 등이 발생했다는 보고가 잇따라 제기되었다. 아스파탐은 체내에서 메틸알코올을 분해하는 것으로 알려져 있다. 메틸알코올은 독성이 매우 강해 잘못 섭취하면 실명할 위험이 있으며, 다량 섭취할 경우 사망에 이를 수도 있다. 아마도 체내에서 분해된 메틸알코올이 여러 가지 증상을 유발한 것으로 보인다.

게다가 아스파탐은 암과의 연관성이 제기되고 있다. TBS 방송이 1997년 3월에 방영한 미국의 CBS 리포트 〈How sweet is it?〉에서 암예방연구센터의 데브라 데이비스 박사는 "환경과 뇌종양 관계를 조사한 결과 아스파탐은 뇌종양을 유발하는 요인일 가능성이 있다"고 경고했다. 또 워싱턴대학 의학부의 존 올니 박사는 "20여 년 전 아스파탐 동물 실험에서 발견된 것과 같은 유형의 뇌종양이 미국인들에게 급증하고 있다"고 지적했다.

'백혈병과 림프종'을 일으킨다는 보고도 있다

2005년 이탈리아에서 실시된 동물 실험에서는 아스파탐이 백혈병과 림프종을 유발한다는 결과가 확인되었다.

이 실험은 이탈리아 체자레 말토니 암연구소의 모란도 소프리티 박사팀이 실시한 것으로, 생후 8년 된 암컷과 수컷 쥐에게 서로 다른 농도(0~10%의 7단계)의 아스파탐을 죽을 때까지 계속 투여하며 관찰한 결과, 대부분의 암컷에게서 백혈병과 림프종이 발견되었으며, 농도가 높을수록 발생률도 높은 것으로 나타났다. 또한 인간이 식품에서 섭취하는 양과 비슷한 농도에서도 이상이 관찰되었다. 이 실험 결과를 통해 아스파탐이 백혈병과 림프종 등을 일으킬 가능성이 밝혀진 것이다.

더불어 아스파탐에는 반드시 'L-페닐알라닌화합물'이라는 문구가 함께 표기되는데, 여기에는 분명한 이유가 있다. 페닐케톤뇨증(아미노산 일종인 L-페닐알라닌을 제대로 대사하지 못하는 유전성 질환)을 가진 아이가 아스파탐을 섭취하면 뇌에 장애를 일으킬 수 있다. 그 때문에 주의를 환기하는 차원에서 반드시 '아스파탐·L-페닐알라닌화합물'이라는 문구를 함께 표기하도록 하는 것이다.

'아스파탐'은 사람에게 암을 유발할 가능성이 있다

지금까지 보고된 연구 데이터를 바탕으로 국제암연구소(IARC)는 2023년 7월, 아스파탐을 '사람에게 발암 가능성이 있는 화학물질(그룹2B)'로 분류했다. 이 분류는 '사람에게 암을 유발한다는 제한적 증거가 있다', '실험 동물에게 암을 유발한다는 충분한 증거가 있다', '발암물질로서 중요한 특성을 보여주는 유력한 증거가 있다' 중 어느 하나 이상의 조건을 충족할 경우에 적용된다.

아스파탐에 대해서는 미국이나 일본 등에서 그 안전성을 둘러싸고 오랫동안 논란이 끊이지 않았지만, 이로써 일단락되었다고 볼 수 있다. 앞서 언급했듯이 아스파탐은 현재 수많은 식품에 사용되고 있다. 이는 설탕보다 칼로리가 적어 다이어트 감미료로 첨가되기 때문이다.

하지만 이상과 같이 위험성을 시사하는 연구 및 데이터가 존재하므로 가능한 한 섭취를 피하는 것이 현명하다.

빵과 과자에도 사용되는 '수크랄로스'와 '아세설팜칼륨'

아스파탐 외에도 청량음료나 캔커피 등에 많이 사

용되는 합성감미료가 있다. 바로 수크랄로스와 아세설팜칼륨이다. 이러한 합성감미료는 제로칼로리나 저칼로리를 강조한 빵과 과자류, 매실 절임 등에도 사용된다.

수크랄로스와 아세설팜칼륨은 모두 체내에서 대사되지 않는다. 다시 말해 소화·분해되지 않는다는 뜻이다. 따라서 이들 물질은 장에서 흡수되더라도 그대로 혈액을 따라 몸속을 순환하다가 신장에 도달하게 되며, 에너지원으로 전혀 활용되지 않기 때문에 제로칼로리인 것이다.

오늘날에는 설탕 같은 당분을 꺼리는 사람이 많아진 탓에 이러한 합성감미료가 무분별하게 사용되고 있다. 그러나 당분이 본래 우리 몸에 해로운 것이 아니다. 오히려 당분은 에너지원으로서 매우 중요한 역할을 한다. 특히 포도당은 뇌의 주요 에너지원으로 포도당이 없으면 인간은 생명을 유지할 수 없다. 이처럼 필요한 영양소이기 때문에 당분을 섭취하면 '달다', 혹은 '맛있다'고 느끼게 되는 것이다.

그런데 최근에는 설탕이나 포도당 같은 당분이

마치 나쁜 것처럼 여겨지며, 저칼로리나 제로칼로리 식품이 인기를 끌고 있다. 그러나 당분은 과다 섭취했을 때만 건강에 해로운 것이다. 다시 말해, 당분 자체가 나쁜 것이 아니다. 따라서 당분을 과도하게 섭취하지 않도록 조절해야 한다.

그렇지만 현실에서는 업계와 소비자들 사이에서 당분을 배제하려는 움직임이 점점 강해지고 있다. 나아가 혀의 미각세포만을 자극할 뿐 에너지원으로는 활용되지 않는 수크랄로스나 아세설팜 등이 남용되고 있다.

'유기염소화합물'은 전부 위험하다

수크랄로스는 자당에 있는 3개의 수산기(-OH)를 염소(Cl)로 치환하여 만든 물질로, 농약을 개발하던 중 우연히 발견된 것으로 알려져 있다. 일본에서는 1999년에 첨가물로 허가되었으며 설탕보다 약 600배는 더 단맛이 나는 것으로 여겨지고 있다.

하지만 그 화학 구조를 보면 알 수 있듯이, 수크

랄로스는 악명 높은 '유기염소화합물' 일종이다. 유기염소화합물이란 탄소를 포함한 유기물에 염소가 결합된 화합물로, 대부분 인공적으로 합성되며, 강한 독성을 가진 물질도 적지 않다.

농약인 DDT나 BHC, 지하수 오염을 일으킨 트리클로로에틸렌과 테트라클로로에틸렌, 가네미유 사건의 원인으로 알려진 PCB(폴리염화비페닐), 그리고 맹독성 물질인 다이옥신 등은 모두 유기염소화합물로, 그 대부분이 독성물질이라고 해도 과언이 아니다.

덧붙이자면 가네미유 사건이란 1968년에 서일본을 중심으로 발생한 식품 공해 사건이다. 가네미 창고라는 회사가 제조한 가네미 라이스오일을 섭취한 사람들에게서 얼굴이나 등에 좁쌀 같은 두드러기가 나타나고, 치아가 빠지거나 심한 설사를 동반했으며, 전신에 극심한 피로감을 호소하거나 급기야 사망자까지 발생했다.

사건의 원인은 가네미 라이스오일에 잘못 혼입된 PCB이라는 화학 합성물질 때문이었다. 그리고 이 PCB에는 미량의 다이옥신류가 포함되어 있었다는 사실도 밝혀졌다. 물론 같은 유기염소화합물이라 하더라도 독성은 각각 다르기 때문에 수크랄로스가 PCB나 다이옥신과 동일한 독성을 지녔다고 단정할 수는 없다. 그러나 만약 동일한 수준의 독성을 지녔다면 매우 심각한 문제가 아닐 수 없다.

하지만 수크랄로스는 분명 유기염소화합물 일종이며, 동물 실험에서도 우려되는 결과가 보고된 바 있다. 수크랄로스를 5% 포함한 먹이를 래트에게 4주간 급여한 실험에서 비장과 흉선(림프구를 성장시키는 기관)에 림프 조직 위축이 발견되었다. 이는 면역 기능에 악영향을 미칠 위험성이 있다는 의미다. 또한, 임신한 토끼에게 체중 1kg당 0.7g 수크랄로스를 강제로 먹인 실험에서는 설사를 일으키고 체중이 감소했으며, 일부는 죽거나 유산되었다. 게다가 동물 실험을 통해 수크랄로스가 뇌 조직까지 침투한다는 사실도 밝혀졌다.

아마 인간도 예외는 아닐 것이다. 따라서 뇌에 영향을 미치지 않을까 하는 우려가 제기되고 있다.

그런데 당시 후생성은 이러한 데이터를 대수롭지 않게 여기고, 결국 수크랄로스의 식품첨가물 사용을 허가해버렸다. 여기에는 나름의 사정이 있었다.

사실 수크랄로스는 미국에서 이미 사용이 허가되어 여러 식품에 널리 쓰이고 있었다. 비만 대국 미국에서는 칼로리 과잉 섭취로 인해 비만, 당뇨병, 심장병 같은 질환을 앓는 사람이 늘어나면서 사회문제가 되고 있었다. 그래서 설탕 대신 제로칼로리인 수크랄로스가 남용된 것이다. 이런 배경 때문에 수크랄로스가 들어간 식품이 미국에서 일본으로 대거 수출될 것이라는 전망이 나왔다.

하지만 당시 일본에서는 수크랄로스 사용이 허가되지 않았기 때문에 그러한 식품을 수입할 수 없었다. 그러자 미국 측은 비관세 장벽이라며 항의를 제기했다. 경우에 따라 미·일 간의 정치 문제로 번질 우려도 있었기에 일본 정보는 이러한 문제를 미리 방지하고자 수크랄로스를 허가하고 말았다. 게다가 수크랄로스는 쉽게 분해되지 않고 매우 안정

적이어서 일본 업자들이 사용하기 쉽다는 측면이
있었다.

일본 또한 비만이나 당뇨병 등이 사회적 문제로
대두되었기 때문에, 기업 입장에서는 '제로칼로리'
를 내세워 소비자에게 어필하기 쉽다는 장점이 있
었다. 이러한 사정으로 인해 1999년에 수크랄로스
사용이 허가되었다.

하지만 나는 유기염소화합물 일종인 수크랄로
스가 들어간 식품이나 음료는 무서워서 도저히 입
에 댈 엄두가 나지 않는다. 게다가 기이한 단맛이
난다. 몇 번 입에 대본 적이 있는데(바로 뱉어냈지만)
달다기보다 오히려 쓴맛에 가까워서 설탕처럼 기분
좋은 단맛과는 달랐다.

장시간 혀가 얼얼했다

그 후로는 수크랄로스가 들어간 음료나 과자를 먹
으면 혀가 마비된 듯 얼얼한 증상이 나타나는데, 그
증세가 완전히 사라지기까지 며칠이 걸린다. 참고

로 혀는 우리 몸을 지키는 민감한 센서 같은 기관이다. 몸에 해로운 물질이 입 안으로 들어오면 쓴맛이나 신맛으로 이상을 감지해서 그 물질이 체내로 들어오지 못하도록 막아준다. 그런 혀가 며칠씩이나 얼얼했다는 것은 수크랄로스가 얼마나 해로운지 보여주는 증거라고밖에 생각되지 않는다.

그리고 수크랄로스가 들어간 식품을 먹으면 몸상태가 나빠진다고 말하는 사람도 있다. 수크랄로스가 들어간 요구르트를 먹고 토했다는 이야기를 들은 적도 있다. 수크랄로스는 몸속에서 분해되지 않고 장에서 흡수된 뒤 간을 통과해 이물질 상태로 몸속을 떠돌다가 신장에 도달한다. 추측건대 장기간 계속 섭취할 경우, 간이나 신장에 어떤 손상을 일으킬 가능성도 배제할 수 없다.

또한 동물 실험 결과, 비장이나 흉선의 림프조직이 위축되어 면역력을 저하시킬 위험성이 관찰되었다. 따라서 되도록 섭취를 피하는 것이 현명하다.

제로칼로리 감미료인 아세설팜칼륨은 설탕보다 약 200배나 달다고 알려졌으며, 수크랄로스에 이어 2000년에 사용이 허가되었다.

하지만 아세설팜칼륨 역시 신경 쓰이는 동물 실험 자료가 있다. 개에게 아세설팜칼륨을 0.3% 및 3% 포함한 먹이를 2년간 먹인 실험에서, 0.3% 그룹에서는 림프구 감소가 확인되었고, 3% 그룹에서는 간 기능 이상 시 증가하는 GPT(ALT, 건강진단에서 간 기능 검사 지표가 되는 효소 수치) 상승과 림프구 감소가 확인되었다. 즉, 간에 손상을 주거나 면역력을 저하시킬 위험이 있다는 의미다.

그 밖에 임신한 래트에게 아세설팜칼륨을 투여한 실험에서는 이 성분이 태아에게 이행된 사실이 확인되었다. 따라서 임신한 여성이 섭취할 경우 태아에게 영향을 미치지 않을까 우려된다.

그런데 수크랄로스와 마찬가지로 이러한 자료들이 가볍게 여겨지는 바람에 아세설팜칼륨도 결국 사용이 허가되고 말았다. 상황은 수크랄로스 때와 같다. 아세설팜칼륨 역시 미국 등 해외에서 이미 사용이 허가된 상태였기 때문에 무역 시 비관세 장벽으로 간주되지 않도록 당시 후생성이 빠르게 허가한 것이다. 물론 이는 일본의 식품업계에서도 바라던 일이다.

아세설팜칼륨은 수크랄로스와 마찬가지로 수많은 청량음료와 과자류 등에 사용되고 있다. 그러나 아세설팜칼륨 역시 몸속에서 소화·분해되지 않고 흡수된 뒤, 간을 통과해 혈액을 따라 온몸을 순환하다가 신장에 도달한다. 이 성분이 첨가된 음료나 식품을 매일 섭취할 경우, 앞서 개를 대상으로 한 실험 결과에서 알 수 있듯이 간 기능에 이상이 생길 가능성이 있다. 게다가 수크랄로스와 마찬가지로 아세설팜칼륨이 첨가된 음료를 먹으면 혀가 며칠 동안 얼얼한 증상을 겪을 수도 있다. 따라서 가능하면 섭취를 피하는 것이 바람직하다.

수크랄로스와 아세설팜칼륨은 당시 후생성이 '안전성에 문제가 없다'고 판단하여 사용을 허가했기 때문에 합법적으로 많은 식품에 사용되었다.

그러나 인간에 대한 안전성은 아직 확인되지 않았다. 모두 쥐 같은 동물을 대상으로 한 실험 결과에 불과할 뿐이며, 앞서 언급했듯 안전성이 의심되는 실험 결과도 존재한다. 따라서 인간이 장기간 섭취했을 경우 어떤 영향을 미칠지는 알 수 없다. 따라서 이러한 합성감미료는 가능한 한 섭취를 피하는 것이 현명하다.

더불어 이런 합성화합물을 사용하지 않은 청량음료도 다수 있다. 예를 들면 '포카리스웨트'(오츠카제약), '칼피스워터'(아사히음료), 'C.C. 레몬'(산토리푸드), '미쓰야 사이다'(아사히음료), '오로나민C'(오츠카제약), '기린 그린즈 프리'(기린맥주) 등이 있다.

따라서 제품을 고를 때는 원재료명을 잘 살펴보고 수크랄로스나 아세설팜칼륨이 표시된 제품은 구매하지 않도록 하자.

3

발암성 의심이 가시지 않는
'합성감미료·사카린나트륨'

✖

✖

✖

사용이 한 번 금지되었던 '사카린나트륨'

2절에서 합성감미료가 들어간 다이어트 음료를 마신 사람이 치매나 뇌졸중에 걸릴 위험이 높다는 역학 자료를 소개했는데, '사카린나트륨'도 그중 하나다. 사카린나트륨은 일본에서 1948년에 그 사용이 허가되었으며 현재도 여전히 사용되고 있다.

그러나 1973년 4월, 발암성이 있다는 이유로 사카린나트륨 사용이 한 차례 금지된 적이 있다. 사카린나트륨의 발암성에 관한 정보는 미국에서 들어온 것이었다. 사카린나트륨을 5% 포함한 먹이를 래트에게 2년간 먹인 실험에서 자궁암과 방광암이 발생했다는 보고가 있었기 때문이다. 이에 따라 당시 후생성은 사카린나트륨 사용을 금지하는 조치를 내렸다.

하지만 그 후 실험에 사용된 사카린나트륨에 불순물이 섞여 있었고, 그 불순물이 암을 유발했을 가능성이 크다는 주장이 힘을 얻었다. 그로 인해 같은 해 12월에 사용 금지가 해제되어 다시 사용할 수 있게 되었다.

1980년에 발표된 캐나다의 실험에서는 사카린나트륨을 5% 포함한 먹이를 래트에게 2세대에 걸쳐 먹인 결과 2세대 수컷 45마리 중 8마리에서 방광암이 발생했다. 하지만 그 후 필리핀원숭이와 히말라야원숭이 등을 대상으로 한 실험에서는 암 발생이 확인되지 않았고, 이러한 이유로 사카린나트륨 사용이 금지되지 않았다.

사카린나트륨은 벤젠(인간에게 백혈병을 일으킨다고 밝혀진 화학물질)에 이산화황(SO_2)이 결합하고, 여기에 질소(N), 산소(O), 나트륨(Na)이 추가로 결합된 화합물이다. 그 화학 구조만 보더라도 벤젠보다 더 강한 독성을 지녔을 것으로 추측된다.

이러한 물질이 지금까지도 첨가물로 인정되어 사용되고 있다는 사실이 어딘가 공포스럽게 느껴진다.

초밥 외에 치약에도 사용되는 '사카린나트륨'

현재 사카린나트륨이 첨가된 식품은 많지 않다. 다만 마트에서 판매되는 초밥에 곁들여진 생강 초절임이나 식초에 절인 붉은 초문어에 사용되는 경우가 있다. 참고로 사카린은 물에 잘 녹지 않아 자주 사용되지 않으며, 일반적으로 '사카린'이라고 하면 사카린나트륨을 의미한다.

사카린나트륨은 사카린에 나트륨이 결합한 화합물이다. 문제는 이 성분이 치약에도 사용된다는 점이다. 사카린나트륨이 함유된 치약은 매우 많다. 치약은 식품과 달리 직접 위로 들어가지는 않지만, 물로 입을 헹궈도 사카린나트륨 등의 성분이 입 안에 남아 있어서 위로 넘어가 장에서 흡수될 수 있다.

즉, 사카린나트륨이 함유된 치약으로 양치질을 한다는 것은 매일 그 성분을 입속에 넣는 것과 같다.

물론 위까지 도달하는 양은 극히 미량이겠지만, 발암물질에는 '문턱값'이 없기 때문에 그 위험성을 무시할 수 없다. 여기서 말하는 '문턱값'이란 일정 기준치 이하면 인체에 해가 없다고 여겨지는 수치를 말한다. 방사선이나 발암성 물질의 경우, 극히 미량이라도 세포의 유전자를 변이시킬 수 있어 '문턱값'을 설정할 수 없다.

따라서 사카린나트륨에 발암성이 있다면 비록 극히 미량이라 하더라도 매일 입 안이나 위 세포에 작용할 경우, 암에 걸릴 확률이 높아질 수 있다. 그러므로 사카린나트륨이 함유된 치약을 사용하지 않는 편이 바람직하다.

치약 없이도 이를 닦을 수 있다

원래 치약은 필요하지 않다. 텔레비전 광고 영향으로 치약을 사용하는 것이 당연한 일처럼 되었지만,

사실 그것은 잘못된 인식이다. 단순히 칫솔로 치아를 제대로 닦아주기만 해도 충분하다. 양치질을 올바르게 가르치는 치과 병원에서는 치약을 사용하지 않고 칫솔만으로 이 닦는 법을 알려준다. 왜냐하면 치약 없이 양치질하는 편이 충치나 치주병의 원인이 되는 플라크(치태)를 더 효과적으로 제거할 수 있기 때문이다.

플라크란 음식물 찌꺼기, 세균, 그리고 세균의 대사물질 등이 섞여 생긴 것으로, 구강 문제의 주요 원인이다. 플라크는 치아 표면이나 치아와 잇몸 사이에 들러붙고, 그곳에 있는 세균은 음식물 찌꺼기를 영양분으로 삼아 독소나 산을 생성한다. 이것이 충치나 치주병의 직접적인 원인이 된다. 치주병은 단순히 잇몸에 염증을 일으키는 데 그치지 않는다. 진행되면 치아를 지탱하는 치조골이 녹아내려 결국 치아가 빠지게 되는 무서운 질병이다. 따라서 치주병을 예방하려면 플라크를 제거하는 것이 가장 중요하다.

그런데 치약을 사용하면 그 안에 포함된 합성 계면활성제나 방부제, 산화방지제 등의 자극 때문에 오랫동안 칫솔질하기가 어렵다. 또한 '치약을 삼키면 안 된다'는 심리가 작용하면서 아무래도 양치 시간이 짧아지는 경향이 있다. 그러면 플라크가 충분히 제거되지 않아 치주병으로 진행되기 쉽다.

자극이 적은 치약을 추천한다

양치질을 할 때는 치약을 사용하지 않는 것이 좋다. 칫솔질만으로 치아를 충분히 닦아 플라크를 깨끗이 제거하면 치주병을 예방할 수 있다. 나 같은 경우는 25세에 치약 없이 칫솔질하는 방법을 배운 후로는 줄곧 실천하고 있는데, 한 번도 치주병에 걸려본 적이 없는 데다 지금도 깨끗한 잇몸 상태를 유지하고 있다. 예전에 치과에 갔을 때, '20대 잇몸을 갖고 계시네요'라는 말을 들은 적도 있다.

그러나 치약을 쓰지 않으면 입 안이 개운하지 않다거나 치아 표면이 제대로 닦이지 않는다고 느끼는 사람도 있을 것이다. 그런 사람에게는 합성 계면활성제가 들어 있지 않은 치약을 추천한다. 예를 들어 샤본다마셋켄의 '샤본다마 비누 치약'이 그 대표적인 제품이다. 이 치약은 합성 계면활성제나 방부제를 사용하지 않기 때문에 잇몸이나 혀에 자극을 주지 않는다. 주요 성분으로는 비누베이스를 비롯해 탄산칼슘, 페퍼민트, 소르비톨(당알코올 일종) 등이 있으며, 모두 안전성이 높은 원료로 구성되어 있다. 자극이 적어서 오랫동안 칫솔질을 할 수 있고, 플라크를 효과적으로 제거해준다.

나는 치약을 전혀 사용하지 않지만, 가끔 치아가 약간 거뭇해질 때가 있다. 그럴 때는 합성 계면활성제가 들어 있지 않은 치약을 사용하는데, 사용하고 나면 치아가 확실히 하얘진다. 여러분도 꼭 한번 시험해보기 바란다.

'요오드 함유 가글약'에 사용되는 '사카린나트륨'

사카린나트륨은 치약 외에도 요오드 함유 가글약에 사용된다. 겨울철이 되면 감기 예방을 위해 시판되는 요오드 함유 가글약을 사용하는 사람이 적지 않은 듯한데, 사실 이것은 위험한 행동이다.

시판되는 요오드 함유 가글약에는 '이소진 입세정제'(시오노기헬스케어)와 '켄에이 가글'(켄에이제약) 등 몇 가지가 있지만, 크게 보면 모두 유사한 성분이 들어 있다. 이들 제품은 용액 1ml당 포비돈 요오드라는 유효 성분을 70mg(약 7%) 함유하고 있다. 포비돈 요오드는 요오드를 폴리비닐피롤리돈이라는 화학물질에 결합시킨 소독제로 일본약전에 수록된 의약품이다. 용액이 적갈색을 띠는 이유는 요오드가 물에 녹아 있기 때문이다. 그 밖에 약용 첨가물로는 에탄올, 멘톨, 향료, 사카린나트륨이 포함되어 있다. 사카린나트륨은 단맛이 있어, 요오드 용액을 입에 머금기 쉽게 하려는 목적에서 첨가된 것으로 보인다.

그러나 감기나 인후염을 예방하기 위해 요오드 함유 가글약을 매일 사용하면 결과적으로 구강과 목에 사카린나트륨이 잔류하게 되고, 이로 인해 해당 부위 세포에 영향을 주게 된다. 그 결과 유전자가 변이되고 세포가 비정상적으로 변화하면서 암으로 이어질 위험이 있다. 더욱이 매일 사카린나트륨이 함유된 치약까지 함께 사용한다면 그 악영향은 더욱 심각해질 것이다.

'요오드 함유 가글약'은 감기 예방 효과가 없다

'요오드 함유 가글약은 감기 예방 효과가 있다'고 생각하는 사람이 많은 듯한데, 실제로는 그렇지 않다. 오히려 물로만 가글하는 편이 감기 예방에 더 효과적이다. 이러한 사실을 밝혀낸 것은 교토대학 보건관리센터(현 건강과학센터)의 가와무라 다케시 교수 연구팀이다.

해당 연구팀에서는 2002~2003년 겨울, 홋카이도에서 규슈까지 전국 18개 지역에서 지원자 387명을 모집하여 무작위 배정으로 '가글을 하지 않은 그룹', '물로 가글한 그룹', '요오드 용액으로 가글한 그룹' 3그룹으로 나누었다. 그리고 2개월 후, 각 그룹의 감기 발병률을 조사했다.

'요오드 용액으로 가글한 그룹'은 설명서에 따라 용액 2~4ml를 약 60ml 물에 희석해 하루 3회 이상 가글하도록 했다. 한편, '물로 가글한 그룹'은 약 60ml 물을 사용하여 동일한 조건으로 하루 3회 이상 가글하도록 했다. 두 그룹의 하루 평균 가글 횟수는 모두 3.7회였다.

그 결과 '가글하지 않은 그룹'의 감기 발병률은 1개월 동안 100명 중 26.4명으로, 대략 4명 중 1명이 감기에 걸린 것으로 나타났다. 반면 '물로 가글한 그룹'에서는 발병률이 17.0명으로 현저히 낮았다. 즉 물로만 가글해도 감기를 예방할 수 있다는 결과가 도출된 것이다.

그렇다면 '요오드 용액을 사용한 그룹'은 어땠을까? 결과는 23.6명으로, '물로 가글한 그룹'보다 약 1.4배나 높았고 '가글을 하지 않은 그룹'과도 거의 차이가 없었다.

가와무라 다케시 교수는 조사 결과에 대해 "요오드 용액이 목에 존재하는 세균총을 파괴하여 감기 바이러스 침입을 허용했거나, 목의 정상 세포를 손상시켰을 가능성이 있다"라고 분석했다. 따라서 요오드 가글약 대신 물(수돗물)로 가글하는 것이 감기 예방에 가장 효과적이라고 할 수 있다.

더불어 '정상 세포를 손상시켰을 가능성이 있다'는 지적은 특히 주목할 만하다. 왜냐하면 명란젓을 섭취했을 때의 위점막 상태와 동일하다고 보기 때문이다. 즉, 목 점막의 정상 세포가 손상되고, 이를 회복시키기 위해 증식하는 과정에서 사카린나트륨이 작용하면 유전자가 변이되고, 그 결과 위암과 마찬가지로 목에서도 암이 발생할 수 있다.

'사카린나트륨'을 사용하지 않은 가글약도 판매되고 있다

약국에서 판매되는 요오드 함유 가글약의 경우, 대부분 사카린나트륨을 포함하고 있지만, 드물게 그렇지 않은 제품도 있다. 그중 하나가 다이요제약의 '코사진 가글 TY'이다. 유효 성분은 포비돈 요오드로 동일하지만, 사용된 약용 첨가물은 다음과 같다.

'요오드화칼륨, 멘톨, 유칼립투스 오일, 에탄올, 프로필렌글리콜, 글리세린.'

즉, 사카린나트륨은 함유되어 있지 않다. 참고로 이들 약용 첨가물은 모두 안전성에 큰 문제가 없다.

나 같은 경우, 평소에는 가글약을 사용하지 않지만, 입 안이나 혀, 목에 염증이 생겨 소독이 필요하다고 느낄 때는 이런 제품을 사용한다.

모두 발암성이 의심되는
'합성착색료·타르색소'

✖
✖
✖

수상한 빨간색 반찬, 후쿠진즈케

레스토랑이나 식당 등에서 카레라이스를 주문하면 대개 새빨간 후쿠진즈케(간장 채소 절임)를 밥에 곁들여 내놓는다. 왜 카레에 채소 절임을 곁들이는지 참으로 의아하지만, 그건 그렇다 치더라도 그 붉은빛은 수상하기 그지없다. 특히 후쿠진즈케에 빨갛게 물든 밥을 보면 의혹은 더 커져서 '이렇게 빨간 것을 먹어도 괜찮을까?' 하는 의문이 든다.

식당이나 축제 등의 노점에서 판매하는 야키소

바(볶음면)에는 새빨간 생강 절임이 함께 나온다. 이것도 후쿠진즈케와 마찬가지로 면을 새빨갛게 물들인 것인데, 이 빨간색 역시 수상하다.

이러한 빨간색은 합성착색료인 '타르색소'로 만들어낸 것이다. 생강 절임에는 타르색소인 적색102호가 사용된다. 후쿠진즈케에는 적색102호 외에 적색106호, 황색4호, 황색5호 등이 사용된다.

타르색소는 19세기 중반에 독일에서 개발되었다. 콜타르를 원료로 만들어졌기 때문에 '타르색소'라는 이름이 붙었다. 이후 콜타르에 발암성이 있다는 사실이 밝혀지면서 현재는 석유 제품을 이용해 제조되고 있다. 타르색소는 원래 섬유나 합성수지 등의 염료로 사용되었지만, 이후 선명한 색을 내기 위해 화장품과 식품에도 사용되기 시작했다. 화장품의 경우 립스틱 등에 주로 사용되며, 비누, 바디워시, 샴푸, 소취제 같은 생활용품 및 식품에도 사용된다.

현재 일본에서 식품첨가물로 허가된 타르색소는 총 12품목이다.

타르색소는 채소 절임이나 생강 절임 같은 절임류 외에도 달콤한 빵, 초콜릿, 사탕, 젤리빈, 완두콩 과자, 청량음료 등 수많은 식품에 사용된다.

이 색소의 특징은 시간이 아무리 지나도 분해되지 않아 변색되지 않는다는 점이다. 자연계에 존재하지 않는 화학 합성물질이라 미생물이나 자외선 등에 분해되지 않기 때문이다. 게다가 한번 체내에 들어가면 거의 분해되지 않고 '이물질' 상태로 몸속을 떠돌게 된다. 심지어 화학 구조 특성상 발암성이나 기형 유발성이 의심되는 물질도 많다.

실제로 한때 첨가물로 사용이 허가되었으나 발암성이 있다는 이유로 사용이 금지된 색소는 적색1호, 황색3호, 자색1호 등 총 18품목에 이른다. 현재 첨가물로 사용이 허가된 타르색소 역시 앞으로 사용 금지될 가능성이 있다.

식품 원료는 모두 자연계에서 얻은 것이다. 토양 속 성분이나 물, 태양 에너지로부터 탄수화물, 단백질, 지방 등 다양한 성분이 생성되고, 이러한 성분을 식품으로 섭취하고 흡수함으로써 인체가 형성되고 유지된다. 그러나 타르색소처럼 자연계에 존재하지 않는 화학 합성물질은 영양분이 되지 못하고, 단순히 '이물질'로 몸속을 떠돌 뿐이다. 그리고 이는 각 장기나 조직의 세포, 나아가 세포 유전자에까지 손상을 일으킬 위험이 있다.

타르색소는 자연계에 존재하지 않으며, 환경 속에서도 몸속에서도 분해되지 않는다는 점에서 플라스틱과 다를 바 없다. 따라서 타르색소를 식품에 섞는다는 것은 어떻게 보면 플라스틱을 섞는 것이나 마찬가지다. 애초에 식품에 섞는 것 자체가 용납될 수 없는 물질인 셈이다.

딸기빙수 시럽으로 사용되지만 미국에서는 금지된 적색2호

현재 사용이 허가된 타르색소는 적색2호, 적색3호, 적색40호, 적색102호, 적색104호, 적색105호, 적색106호, 황색4호, 황색5호, 청색1호, 청색2호, 녹색3호, 이렇게 12품목이다. 참고로 식품 원재료명에는

'착색료(적색2호)', '착색료(황색4호)', '착색료(청색1호)' 등으로 표시된다.

사실 이 가운데 적색2호는 발암성이 의심된다는 이유로 미국에서 사용이 금지되었다. 미국 식품의약국(FDA)은 적색2호를 0.003~3% 포함한 먹이를 래트에게 131주간 급여한 실험에서 고농도 투여군 44마리 중 14마리에게서 암이 발생한 반면, 대조군에서는 44마리 중 4마리만 암이 발생했다고 보고했다. 이러한 결과를 바탕으로 FDA는 '안전성을 확보할 수 없다'며 적색2호 사용을 금지한 것이다.

하지만 일본 후생노동성은 여전히 적색2호 사용을 허가하고 있다. 이처럼 발암성이 의심되는 첨가물은 당장 사용을 금지해야 한다고 생각하지만, 소비자보다 업자의 이익을 우선시하는 후생노동성은 이를 금지하지 않고 있다. 다만 식품 제조업체에서도 적색2호를 문제가 있다고 인식하고 있는지, 현재는 거의 사용하지 않는다.

적색2호는 새빨간 색을 낼 수 있어서 과거에는 빙수 시럽으로 자주 사용되었지만, 요즘은 시판되는 시럽에서는 사용되지 않는다. 다만, 축제나 행사 등의 노점에서는 딸기빙수에 적색2호가 들어간 시럽이 사용되는 경우가 많다. 또한 할인점 등에서 판매되는 업소용 시럽 중에도 적색2호가 들어 있는 경우가 있으니 주의가 필요하다.

'타르색소'의 무시무시한 독성

적색2호는 아조 결합이라는 독특한 화학 구조를 지니고 있는데, 이는 적색40호, 적색102호, 황색4호, 황색5호에도 공통적으로 존재한다. 따라서 이들 색소 역시 발암성이 있을 위험이 있다.

더욱이 적색40호는 비글을 대상으로 한 실험에서 신장 사구체 세포에 이상을 일으키는 것이 확인되었으며, 인간이 섭취한 경우에도 신장 손상 우려가 있다는 사실이 밝혀졌다. 또한, 적색102호 경우에는 2% 포함한 먹이를 래트에게 90일간 급여한 실험에서 적혈구와 헤모글로빈 수치가 저하되었다. 이는 빈혈을 유발할 수 있다는 의미다. 황색5호의 경우, 1% 포함한 먹이를 비글에게 먹인 실험에서 체중 감소와 설사가 나타났다.

그 밖에도 적색102호, 황색4호, 황색5호는 인간에게 두드러기를 유발할 수 있다고 알려져 있어 피부과 의사들 사이에서도 경계 대상이다. 이 색소들은 절임류나 과자류 등에 자주 사용되므로 알레르기 체질인 사람, 특히 두드러기가 잘 생기는 사람은 각별히 주의해야 한다.

나머지 타르색소들도 모두 안정성이 의심된다. 청색1호, 청색2호, 녹색3호는 래트에게 주사한 실험에서 암이 발생한 사례가 있어 발암성이 의심된다. 적색3호는 래트를 대상으로 한 실험에서 갑상선종 발생률이 명확히 증가했으며, 적색105호는 같은 실험에서 간 기능 이상을 나타내는 GPT(ALT)와 GOT(AST, GPT와 마찬가지로 간 기능 검사에서 지표가 되는 효소 수치) 수치 상승이 확인되었다. 또한, 적색104호는 발암성이 의심된다는 이유로 일부 외국에서는 식품첨가물로 사용이 허가되지 않았다. 적색106호도 같은 이유로 외국에서는 거의 사용되지 않고 있다.

이와 같이 현재 일본에서 사용이 허가된 12품목

의 타르색소는 전부 안전성에 문제가 있다. 이 때문에 최근에는 천연착색료가 사용되는 경향이 있지만, 선명한 색을 오랫동안 유지하려는 이유로 여전히 타르색소가 사용되는 경우도 많다.

왜 절임을 먹는 사람에게 위암이 많이 발생하는가

앞에서 명란젓이나 구운 명란을 자주 먹는 사람은 위암 발생률이 높다는 역학 조사를 소개했는데, 이 조사에서는 절임류와 위암 관계에 대해서도 조사했다. 절임류를 먹는 빈도를 '거의 먹지 않는다', '주 1~2일 먹는다', '주 3~4일 먹는다', '거의 매일 먹는다'로 분류한 뒤, 위암 발생률과의 관계를 조사한 것이다.

그 결과 '거의 먹지 않는다'를 1이라고 했을 때 '주 1~2일 먹는다'는 1.54배, '주 3~4일 먹는다'는 2.71배, '거의 매일 먹는다'는 2.35배의 위암 발생률을 보였다.

명란젓이나 구운 명란처럼 완전히 비례 관계를

보이지는 않지만, 절임류를 먹는 사람의 위암 발생률이 높다는 것은 명백한 사실이다. 특히 '일주일에 3~4일 먹는다' 경우에는 상당히 높은 비율로 위암이 발생했다. 따라서 절임류 역시 위암 발생과 관련이 있다고 보아야 한다. 그 기전은 명란젓이나 구운 명란과 같을 것으로 여겨진다. 즉, 절임류에 들어 있는 염분이 위의 점액을 녹이면서 점막이 위산에 손상을 입고 염증이 생기며, 이를 회복하기 위해 점막 세포가 반복적으로 분열하게 된다. 이 과정에서 어떤 발암성 물질이 작용해 세포가 암세포로 변하는 것이다.

그렇다면 그 '발암성 물질'이란 무엇일까? 여기서 생각해볼 수 있는 것이 바로 타르색소다. 절임류에는 여러 가지 종류가 있는데, 생강 절임, 간장 채소 절임, 가지 절임, 단무지 등의 착색에 적색102호, 적색106호, 황색4호, 황색5호 등 타르색소가 사용되는 경우가 많다. 따라서 이러한 타르색소가 세포 유전자에 작용해 세포에 돌연변이를 일으키고, 그 결과 세포가 암으로 변화하는 과정으로 이어진다고 볼 수 있다.

다만 이것은 어디까지나 하나의 견해에 불과하다. 절임류라 해도 집에서 직접 담근 절임이 있고, 야채색소 같은 천연착색료를 사용한 제품도 있기 때문에 모든 절임류에 타르색소가 사용된다고는 단정할 수 없다. 그러나 이러한 점들을 감안하더라도, 절임류를 자주 먹는 사람에게 위암 발생률이 높은 사실을 고려하면, 타르색소가 그 원인 중 하나일 가능성은 충분히 짐작할 수 있다.

'타르색소'는 알레르기도 일으킨다

타르색소는 또 한 가지 문제점을 안고 있다. 바로 알레르겐이 된다는 점이다. 앞에서도 언급했듯이 적색102호, 황색4호, 황색5호는 두드러기를 유발할 수 있기 때문에 피부과 의사들 사이에서도 경계 대상이 되고 있다. 이 세 가지는 타르색소 중에서도 가장 많이 사용되는 품목이며, 그 외의 타르색소 역시 두드러기를 유발할 가능성이 있다고 여겨진다.

두드러기는 알레르기의 한 종류로 면역 작용으

로 발생하는데, 그 작용 기전은 다음과 같다. 먼저 두드러기를 유발하는 알레르겐(어패류, 육류, 달걀, 첨가물 등)이 입으로 들어와 체내로 침투했다고 가정하자. B세포는 그 지령에 따라 항체를 만들어내며, 이 항체는 비만세포라는 세포 표면에 결합한다. 참고로 비만세포는 비만을 일으키는 세포라는 뜻이 아니라 형태가 둥글고 뚱뚱해 보여서 붙은 이름이다. 여기까지는 아직 알레르기 반응이 일어나지 않는다.

그런데 알레르기 성분이 다시 체내로 들어오면 비만세포가 이를 인식하고 히스타민이나 류코트리엔 같은 생리활성물질을 방출하게 된다. 이러한 물질은 혈관을 확장시키거나 혈관 벽에서 물질이 빠져나가지 못하도록 막는 작용을 한다. 그 결과 혈액 속 혈장 성분이 누출되어 피부가 붉어지거나 가려움을 느끼게 된다. 이는 일종의 방어 반응이자 경고 반응이다. 다시 말해 몸이 적절히 처리할 수 없는 성분이 유입되었을 때 면역 체계가 이를 감지하고 혈액에서 배제하려고 하는 것이다. 그 결과 나타나는 증상이 바로 두드러기다. 또한, 이는 '더는 이런 성분을 먹지 말라'는 몸의 신호로도 해석할 수 있다.

타르색소는 전부 몸에 이물질일 뿐, 이로울 게 전혀 없다. 이것은 혈액을 타고 몸속을 떠돌며 신장이나 세포 유전자에 장애를 유발할 위험성이 있다. 이를 몸의 면역 체계가 재빨리 감지하고, 경고를 보내는 동시에 몸 밖으로 배제하려는 반응을 보이는데, 이것이 바로 두드러기다. 따라서 두드러기가 나타난다면, 그 음식을 즉시 끊는 것이 바람직하다.

인간은 해로운 음식을 감지하는 미각과 후각을 지니고 있다

면역은 몸을 보호하기 위한 중요한 시스템이지만, 인간은 이 외에도 자신을 지키는 또 다른 방어 체계를 갖추고 있다. 그것은 바로 오감이다. 인간에게는 미각, 후각, 시각, 청각, 촉각이 있는데, 이 오감 역시 자신을 보호하기 위한 중요한 감각 체계라 할 수 있다.

그중에서도 가장 대표적인 감각은 후각이다. 몸

에 해로운 물질은 불쾌한 냄새로 민감하게 감지하여, 섭취하지 않도록 함으로써 몸을 보호한다. 예를 들어 농약이나 소독약 같은 경우, 그 냄새를 불쾌하게 인식해 본능적으로 섭취를 피하게 된다.

미각도 마찬가지다. 상한 음식을 잘못 먹었을 경우, 이상한 맛을 느끼고 즉시 뱉어내게 된다. 그대로 삼키면 식중독 등을 일으킬 수 있기 때문이다. 다시 말해, 미각 역시 몸을 지켜주는 역할을 한다.

시각도 이와 비슷한 기능을 한다. 예컨대 광대버섯이라는 독버섯은 선명한 붉은색을 띠는데, 한눈에 봐도 몸에 해로울 것 같은 인상을 준다. 인간은 본능적으로 이를 인식하고, '이건 먹지 않는 편이 좋겠다'라고 느끼게 된다.

그렇다면 생강 절임이나 간장 채소 절임의 인공적이고 지나치게 선명한 붉은색은 어떨까?

아무리 봐도 어딘가 수상쩍고 몸에 해롭다는 사실이 직감적으로 느껴진다. 그렇게 느낀다면 당연히 먹기가 꺼려질 것이다. 이처럼 선명하고 강렬한 색을 '기분 나쁘다'고 느낄지, 반대로 '맛있어 보인다'고 느낄지는 사람마다 다르지만, 이러한 감각의 차이가 합성착색료에 대한 인식 차이로 이어질 수 있다. '기분 나쁘다'고 느끼는 사람은 멜론소다의 선명한 초록색이나 칵테일인 블루하와이의 파란색에도 의구심과 거부감을 느낄 것이다. 한편 '맛있어 보인다'고 느끼는 사람은 그런 색감의 음식도 아무런 저항감 없이 받아들일 것이다.

나는 소비자들이 좀 더 오감을 활용했으면 한다. '이 새빨간 색은 뭘까?', '이 초록색은 몸에 해롭지 않을까?' 하는 의구심을 품기를 바란다. 그러면 새빨간 생강 절임이나 채소 절임, 선명한 초록색의 멜론소다에 대해 자연스럽게 경계심이 생기고, 입에 대기를 주저하게 될 것이다. 이렇게 반응하는 사람이 늘어나면 타르색소 사용이 차츰 줄어들지 않을까.

발암성과 기형아 유발성이 명백한 '곰팡이방지제·OPP와 TBZ'

✖
✖
✖

오렌지나 자몽에 사용되는 위험한 첨가물

발암성이 명백해서 본래는 금지되어야 하는데도 미국 정부의 압력에 못 이겨 아직까지 사용이 허가된 첨가물이 있다. 그것은 바로 수입 레몬이나 오렌지, 자몽, 스위티(자몽과 포멜로를 교배한 과일로 이스라엘 등에서 생산된다) 등에 사용되는 곰팡이방지제인 OPP(오르토페닐페놀)와 OPP-Na(오르토페닐페놀나트륨)이다. 이러한 곰팡이방지제는 과거에 도쿄 도립위생연구소(현 도쿄도 건강안전연구센터)가 실시한 동물 실험을 통해 발암성이 확인된 바 있다.

그런데 당시 후생성은 이 사실을 받아들이지 않고 끝끝내 사용을 금지시키지 않았다. 그 때문에 OPP와 OPP-Na은 현재도 곰팡이방지제로 수입 감귤류에 사용되고 있다. 이런 과일에는 껍질과 과육에 곰팡이방지제가 잔류하여 먹으면 암에 걸릴 수 있다고 생각한다.

또 같은 곰팡이방지제인 'TBZ(티아벤다졸)'는 해당 연구소의 동물 실험에서 기형아 유발성이 확인되었다. 임신한 여성이 기형아 유발성이 있는 화학합성물질을 섭취한 경우, 태아에게 선천성 장애가 발생할 위험성이 있다. 그러나 당시 후생성은 이 실험 결과 역시 받아들이지 않아서 여전히 사용이 허가되고 있다.

레몬과 오렌지, 자몽, 스위티는 주로 미국이나 이스라엘 등지에서 수확되어 일본에 수출되는데, 이들 산지는 일본에서 멀리 떨어져 있다. 따라서 수확된 과실을 배로 운반하면 일본에 도착하기까지 몇 주가 걸리며, 그동안 썩거나 곰팡이가 생길 수 있다. 이를 방지하고자 OPP나 OPP-Na, TBZ를 사용하는 것이다.

미국 정부의 압력으로 'OPP'가 승인되다

OPP 사용이 일본에서 승인된 시기는 1977년이지
만, 당시 승인을 둘러싸고 미국 정부와 치열한 '줄
다리기'가 있었다. 그보다 2년 앞선 1975년 4월에
는 당시 농림성이 미국에서 수입한 자몽과 레몬, 오
렌지를 검사한 결과 자몽에서 OPP가 검출되었다.

당시 미국에서는 감귤류에 곰팡이가 발생하는
것을 막기 위해 OPP를 사용했지만, 일본에서는 아
직 OPP가 식품첨가물로 사용이 승인되지 않은 상
황이었다. 즉, 이는 식품위생법 위반에 해당했다.
이에 따라 당시 후생성은 수입업자에게 위반품인
감귤류를 폐기하라고 명령했고, 문제가 된 과일들
은 바다에 버려졌다.

그런데 미국은 이 조치에 대해 강하게 반발했다.
어쩌면 당연한 일일지도 모른다. 미국 내에서는 유
통이 허용된 과일이 일본에서는 거부되어 폐기되었

으니 말이다. 이에 미국 정부는 일본 정부에 OPP 사용을 승인하도록 압박했다. 당시 농무부 장관은 물론 대통령까지도 일본 정부의 고위 관계자에게 OPP 승인을 요구하며 강하게 압박했다고 전해진다.

OPP는 감귤류를 배로 운송하는 과정에서 발생하는 흰곰팡이를 방지하는 데 반드시 필요한 물질이다. OPP를 사용하지 못하면 감귤류를 일본에 수출하기 어렵기 때문이다.

이 시기 미국과 일본 사이에는 무역 마찰이 있었다. 일본에서 자동차와 전자 제품이 대량으로 수출되면서 무역 불균형이 심화된 것이다. 이에 미국 정부는 그에 대한 보상으로 소고기와 감귤류 수입을 요구했다.

만약 일본 정부가 OPP를 승인하지 않으면 미국 측은 감귤류를 수출할 수 없게 되고, 미국 정부는 이를 비관세 장벽으로 간주하여 대응 조치를 취할 우려가 있었다. 다시 말해, 일본의 자동차나 전자 제품 수입을 제한할 가능성이 있었다. 그리하여 OPP를 승인할지 여부는 '고도의 정치 판단'에 맡겨졌고, 결국 1977년 4월에 사용이 승인되었다. 그

때 OPP에 나트륨을 결합한 OPP-Na도 함께 승인
되었다.

발암성이 인정된 'OPP'

OPP는 그런 배경 속에서 사용이 승인되었지만, 사
실 과거에는 농약으로 사용된 물질이다. 일본에서
는 1955년에 살균제로 사용이 승인되었지만, 1969
년에 등록이 취소되어 농약으로는 사용할 수 없게
되었다.

　농약은 곤충이나 세균을 죽이거나 잡초를 말라
죽게 만드는 등 독성이 강한 화학 합성물질이다. 이
러한 물질을 식품에 사용하는 첨가물로 인정하다
니, 누가 보아도 이상하다고 생각할 것이다. 관청
에서 근무하는 사람들 중에도 그렇게 느낀 이들이
있었다. 바로 도쿄 도립위생연구소 연구자들이다.
그들은 OPP 안전성에 의문을 품고 동물을 대상으
로 그 독성을 조사하기로 결심했다. 그리고 OPP를
1.25% 포함한 먹이를 래트에게 91주간 급여하는

실험을 실시했다. 그 결과 83%라는 높은 비율에서 방광암이 발생했다.

도쿄 도립위생연구소는 말할 것도 없이 공공 연구 기관이다. 지방공공단체의 연구소 중에서도 규모가 크고 실적 또한 우수한 곳이다. 이러한 기관에서 발표한 실험 결과라면, 후생성은 이를 받아들여 OPP 사용을 즉시 금지하는 것이 마땅하다. 그러나 후생성은 그렇게 하지 않았다. '국가 연구 기관에서 추가 실험을 실시하겠다'는 입장을 밝히며 결정적인 판단을 미루었다. 그리고 추가 실험에서 암 발생이 확인되지 않았다는 이유로 결국 OPP 사용을 금지하지 않았다. 그리하여 OPP는 지금도 자몽이나 레몬, 오렌지 등에 사용되고 있다. 이 과정에서 정치적 판단이 개입했으리라는 점은 쉽게 예상할 수 있다.

미국 정부는 강한 압력을 행사해 결국 일본 정부가 OPP 사용을 승인하도록 만들었다. 그 결과 감귤류 수출이 가능해졌다. 이런 상황에서 일본 정부가 OPP 사용을 즉시 금지했다면, 무역 마찰이 다시 불거질 것은 불 보듯 뻔한 일이었다. 일본 정부는 그러한 사태를 피하고 싶었을 것이다. 그러나 그 조치로 인해 일본인은 결국 OPP 위험에 노출되고 말았다.

태아에게 선천성 장애를 일으킨 'TBZ'

또 다른 곰팡이방지제인 TBZ도 사정은 마찬가지다. 후생성은 OPP를 인가한 이듬해인 1978년에 TBZ 역시 곰팡이방지제로 승인했다. OPP와 TBZ를 함께 사용하면 곰팡이 방지 효과가 한층 높아지기 때문이다.

마트에서 파는 자몽이나 오렌지 등의 포장지를 한번 살펴보자. 대부분 작은 글씨로 OPP, TBZ라고 표시되어 있을 것이다. 그러나 TBZ는 엄연한 농약이다. 1972년에 농약(살균제)으로 등록되었으며 2006년에 효력이 상실될 때까지 사용되었다. 당연히 도쿄 도립위생연구소 연구자들은 TBZ도 위험성이 높다고 판단하여 동물 실험을 진행했다.

마우스에게 체중 1kg당 0.7~2.4g의 TBZ를 매일 경구 투여하고 관찰한 결과, 태내 새끼에게서 외형 기형과 골격 이상, 특히 구개열과 척추 유착이 확인되었다. 또 임신한 래트에게 체중 1kg당 1g의 TBZ를 1회 경구 투여한 실험에서도 태내 새끼에게 다리와 꼬리 기형이 발생했다. 즉 TBZ에 기형아 유발성이 있다는 사실이 입증된 것이다. 하지만 후생성은 이 실험 결과도 무시했다. 그로 인해 TBZ는 지금도 OPP와 마찬가지로 사용이 승인된 상태다.

수입 레몬과 오렌지, 자몽 등에는 OPP 또는 OPP-Na, TBZ가 사용된다. 이러한 성분이 사용된 경우, 포장지나 팩에 든 제품에는 그 사실이 표기되어 있다. 첨가물 표기는 용기나 포장이 있는 제품에 하는 것이 원칙이므로, 낱개로 파는 과일은 일반적으로 그 대상이 되지 않는다.

그러나 레몬, 오렌지, 자몽 등에는 OPP, OPP-Na, TBZ 같은 곰팡이방지제가 사용되는 경우가 많기 때문에 소비자청은 각 지자체에 이러한 사실을 소비자에게 알리도록 요청하고 있다. 이로 인해 낱개로 판매되는 경우에도 팝업이나 안내판 등을 통해 성분이 표기되고 있다. 다만 지자체별로 지도 방식이 달라 표시되지 않는 경우도 있다.

도쿄에 거주하는 지인에게서 이런 이야기를 들은 적이 있다. 그 여성은 평소 근처 슈퍼마켓 체인점에서 오렌지나 자몽을 자주 사먹곤 했는데, 매장에 OPP나 TBZ에 관한 표기가 없어 당연히 사용되지 않은 줄 알았다고 한다. 그러던 어느 날, 문득 궁금한 마음에 슈퍼마켓에 전화를 걸었는데, 통화 내용은 다음과 같았다고 한다.

지인: 매장에는 OPP나 TBZ에 관한 표기가 보이지 않던데, 사용하지 않는 건가요?

점원: 아뇨, 사용합니다. 현재 수입산 오렌지나 자몽, 레몬 중에 OPP나 TBZ를 사용하지 않는 제품은 거의 없습니다.

지인: 그런데 왜 매장에는 그런 표기가 없지요?

점원: 레몬 매장에 일괄로 표기하고 있습니다.

지인: 오렌지나 자몽을 파는 매장은 레몬 매장과 위치가 다른데 일괄 표기하는 건 이상하지 않나요?

점원: 말씀 감사합니다. 해당 매장에도 표시하도록 하겠습니다.

이 대화를 통해 곰팡이방지제 사용에 대한 표시

가 충분히 이루어지지 않고 있다는 사실을 알 수 있다. 일반적으로 수입 감귤류는 선박 운송에 오랜 시간이 걸리기 때문에 곰팡이 발생이나 부패를 방지하려면 곰팡이방지제를 사용할 수밖에 없다. 미국, 오스트레일리아, 남아프리카, 이스라엘 등 먼 나라에서 수입된 오렌지, 자몽, 레몬 등에는 특히 '곰팡이방지제 미사용' 등의 표시가 없는 한 곰팡이방지제가 사용되었다고 보면 된다.

미국의 이익을 우선시한 후생성

수입 감귤류에는 또 다른 곰팡이방지제가 사용된다. 그것은 이마잘릴이라는 화학 합성물질이다. 이마잘릴은 1992년 11월에 승인되었는데, 그 과정은 믿기 힘들 정도로 비합리적이었다. 당시 미국에서 수입된 레몬을 한 시민 단체가 독자적으로 검사한 결과, 어떤 농약이 검출되었는데 바로 이마잘릴이었다. 레몬이 썩거나 곰팡이가 발생하지 않도록 포스트 하비스트(Post harvest, 수확 후 사용하는 농약)가 사용되었던 것이다.

이 사례는 1975년에 자몽에서 OPP가 검출된 경우와 유사하다. 당시 OPP는 첨가물로 승인되지 않았기 때문에 자몽은 바다에 폐기되었다. 이마잘릴 역시 첨가물로 승인되지 않았던 만큼 자몽과 마찬가지로 폐기되어야 마땅했다.

그런데 과거에 같은 조치를 취했다가 미국 정부로부터 거센 항의를 받았던 당시 후생성은 놀라운 결정을 내렸다. 바로 이마잘릴을 식품첨가물로 승인해버린 것이다. 그로 인해 수입 감귤류에 이마잘릴이 잔류하더라도 식품위생법에 위반되지 않게 되었다. 이렇게 해서 이마잘릴이 사용된 감귤류가 당당히 수입되기 시작했다. 이 점만 보더라도 당시 후생성이 일본 소비자보다 미국 정부와 업자의 이익을 우선시하고 있었음을 알 수 있다. 행정이 이렇다 보니 소비자는 자신의 건강은 스스로 지키는 수밖에 없다.

이마잘릴은 일본에서는 농약으로 등록되어 있지 않지만, 미국에서는 포스트 하비스트 농약으로 사용되고 있다. 급성 독성이 강하며, 래트의 절반을 사망에 이르게 하는 경구 치사량은 체중 1kg당 277~371mg이다. 이 수치를 바탕으로 한 인간의 추정 치사량은 20~30g이다. 이마잘릴을 0.012%, 0.024%, 0.048% 포함한 사료로 마우스를 사육한 실험에서는 태어난 새끼에게 수유 초기의 체중 증가 억제 및 신경 행동 독성이 확인되었다.

또한, 도쿄 도립위생연구소가 마우스에게 이마잘릴을 투여한 실험에서는 번식 및 행동 발달이 억제되었을 뿐만 아니라, 임신한 마우스에게 투여한 실험에서는 내반수·내반족(선천적으로 손이나 발에 기형이 있는 상태)을 가진 새끼의 수가 증가했다. 다만, 용량과의 명확한 상관관계는 확인되지 않았다.

이러한 결과를 통해 이마잘릴이 신경 행동 독성을 지니며 행동 발달을 억제한다는 사실을 알 수 있다. 즉, 신경이나 뇌에 영향을 미칠 위험성이 있다는 뜻이다. 최근 들어 주의력 결핍 과잉 행동 등 문제 행동을 보이는 아동이 증가하고 있는데, 이와 어떤 연관성이 있을지도 모른다.

곰팡이방지제에는 그 밖에도 '디페닐(DP)'이 있다. 이는 1971년에 승인되었는데, 래트에게 디페닐을 0.25% 및 0.5% 포함한 사료를 급여한 실험에서 약 60주경부터 혈뇨를 보이기 시작했으며, 죽은 개체도 다수 발견되었다. 해부 결과, 신장이나 방광에서 혈뇨가 발생한 것으로 확인되었다.

또한, 0.001~1% 포함한 먹이를 래트에게 750일간 투여한 실험에서는 1% 그룹에서 헤모글로빈 수치 저하가 관찰되었고, 0.5% 그룹과 1% 그룹에서는 신장 요세관 위축과 국소적인 확장, 소변 내 단백질 배설 증가가 확인되었다. 이는 신장과 방광에 악영향을 미쳤을 가능성을 시사한다. 다만, 요즘은 디페닐이 거의 사용되지 않는다.

수입 오렌지, 자몽, 레몬 등은 도쿄도 건강안전연구센터에서 매년 검사를 실시하는데, 껍질을 포함한 전체에서 ppm(100만 분의 1을 나타내는 농도 단위) 수준의 OPP, TBZ, 이마잘릴이 검출되었다. 따라서 껍질째 먹는 것은 위험하므로 레몬을 통째로 먹거나 슬라이스해 먹는 것은 피하는 편이 바람직하다. 또한 오렌지나 자몽, 레몬으로 잼을 만드는 것도 삼가는 것이 좋다.

'그럼 과육은 어떨까?' 하고 궁금해하는 사람도 있을 텐데, 해당 센터 검사에 따르면 과육에서도 ppm 수준, 혹은 ppb(10억 분의 1을 나타내는 농도 단위) 수준으로 잔류한다는 사실이 밝혀졌다. 그러므로 과육 역시 먹지 않는 편이 현명하다.

새로운 곰팡이방지제가 잇따라 승인되고 있다

최근 들어 새로운 곰팡이방지제가 잇따라 승인되면서 그 종류가 늘어나고 있다. 플루다이옥소닐, 아족시스트로빈, 피리메타닐, 프로피코나졸이 여기에 속하며, 이들 모두 원래는 농약으로 사용되던 독성이 강한 물질이다.

· 플루다이옥소닐

1996년에 농약으로 등록된 물질로 현재도 살균제로 사용되고 있다. 2011년에는 첨가물로 사용이 승인되어 감귤류 등에 사용할 수 있게 되었다.

급성 독성은 비교적 약하지만 발암성이 의심된다. 래트에게 플루다이옥소닐을 0.3% 포함한 사료를 2년간 급여한 실험에서 간의 종양 및 암(악성 종양) 발생률이 증가했다. 또한, 마우스에게 0.3% 포함한 사료를 18개월간 급여한 실험에서는 림프종 발생률 증가가 확인되었다.

· **아족시스트로빈**

1998년에 농약으로 등록되어 지금도 살균제로 사용되고 있다. 2013년에 첨가물로 사용이 승인되었다.

래트 64마리를 대상으로 아족시스트로빈을 0.006%, 0.03%, 0.075%, 0.15% 포함한 사료를 2년간 먹인 실험에서, 0.15% 그룹에서는 실험 도중 13마리가 폐사했으며, 담관염, 담관벽 비후, 담관 상피 과형성이 관찰되었다.

참고로 과형성이란 조직을 구성하는 성분 수가 비정상적으로 증가한 상태를 의미하며, 종양성과 비종양성으로 구분된다.

· **피리메타닐**

1999년에 농약으로 등록되어 살균제로 사용되었으나, 2005년에 효력을 상실하면서 더 이상 농약으로는 사용할 수 없게 되었다. 그 후 2013년에 첨가물로 사용이 승인되었다.

급성 독성은 비교적 약하지만 발암성이 의심된다. 래트에게 피리메타닐을 0.0032%, 0.04%, 0.5% 포함한 사료를 2년간 급여한 실험에서는 0.5% 그룹에서 갑상선 종양이 확인되었다.

· 프로피코나졸

1990년에 농약으로 등록되었고, 2018년에 첨가물로 사용이 승인되었다. 마우스 64마리에게 프로피코나졸을 0.01%, 0.05%, 0.25% 포함한 사료를 2년간 급여한 실험 결과, 0.25% 그룹에서 간세포암 발생률 증가가 확인되었다.

이상과 같이 슈퍼마켓 등에서 판매되는 수입 감귤류를 확인해보면, 이러한 새로운 곰팡이방지제도 TBZ나 이마잘릴 등과 함께 자주 사용되고 있다. 이 네 가지 품목 모두 원래 농약으로 사용되던 것으로, 이 가운데 동물 실험 결과 발암성이 의심되는 것도 있기에 되도록 피하는 편이 좋다.

참고로 국내산 레몬이나 오렌지, 귤 등에는 곰팡이방지제가 사용되지 않는다. 수입산과 달리 운송

에 그다지 많은 시간이 걸리지 않아 사용할 필요가
없기 때문이다.

6

인간에게 백혈병을 일으키는 화학물질로 변화!
'합성보존료·안식향산나트륨'

✖
✖
✖

자양강장제에 사용되는 독성이 강한 보존료란?

피곤해서 기운을 내고 싶거나 감기 기운이 있을 때
자양강장제를 마시는 사람도 많을 것이다. 종류는
다양하지만, 대부분의 자양강장제에는 합성보존료
인 '안식향산나트륨'이 사용된다. 청량음료 역시 마
찬가지다. 모두 당분이나 기타 영양 성분이 부패하
는 것을 막으려는 목적에서 사용된다.

안식향산나트륨은 세균, 곰팡이, 효모 등 여러
가지 미생물의 번식을 억제하는 효과가 있다. 물에

잘 녹기 때문에 수분이 많은 제품에 사용된다. 다만, 알칼리성에서는 효과가 떨어지므로 주로 산성 식품에 사용된다. 안식향산나트륨은 독성이 강하며, 2% 및 5% 포함한 사료로 래트를 4주간 사육한 실험에서, 5% 그룹의 모든 개체가 과민 반응, 요실금, 경련 등의 증상을 보이며 죽었다.

청량음료의 경우 첨가할 수 있는 안식향산나트륨 양은 원료 1kg당 0.6g이다. 따라서 제품에 넣을 수 있는 양은 최대 0.06%이지만, 안식향산나트륨은 동물 실험에서도 알 수 있듯이 독성이 강하므로 위나 장 등의 세포에 악영향이 우려된다.

스태미나 음료에 들어 있는 '안식향산나트륨'이 발암성 물질로 변한다

게다가 안식향산나트륨은 비타민C와 반응해 백혈병을 유발하는 것으로 알려진 벤젠으로 변할 수 있다는 문제가 있다. 실제로 2006년 3월에 영국에서 안식향산(안식향산나트륨은 안식향산에 나트륨을 결합한 유사물질)과 비타민C가 첨가된 음료에서 벤젠이 검출되어 제품을 회수하는 사태가 벌어졌다.

이 사태를 계기로 일본의 청량음료에도 벤젠이 포함된 것이 아니냐는 문제가 제기되었다. 그래서 소비자 단체인 일본 소비자연맹이 시판 음료를 조사한 결과, 한 청량음료에서는 1 l 당 1.7μg(μ는 100만분의 1)의 벤젠이 검출되었고, 스태미나 음료에서는 1 l 당 7.4μg가 검출되었다. 이는 첨가된 안식향산나트륨이 변화한 결과라고 볼 수 있다.

사실 안식향산나트륨과 벤젠은 화학 구조가 비슷하다. 벤젠(화학에서 말하는 이른바 육각형 고리 구조)에 $-COONa$이 결합한 것이 안식향산나트륨이다. 따라서 어떤 작용으로 안식향산나트륨에서 $-COONa$가 떨어져나가면 벤젠으로 변하게 된다.

벤젠은 안정성이 높아 쉽게 분해되지 않는다. 그 때문에 체내로 들어오면 이물질이 되어 몸속을 떠돌다 특히 조혈 기관인 골수에 악영향을 미쳐 백혈병을 일으킨다고 여겨진다. 벤젠이 인간에게 백혈병을 유발한다는 사실은 20세기 전반에 밝혀졌다. 구두 제조가 활발했던 이탈리아에서는 그 업종에 종사하는 사람들 사이에서 백혈병이 많이 발생했다. 그 원인으로 지목된 물질은 아교 용제로 사용된 벤젠이었다. 벤젠이 골수에 작용해 빈혈을 일으킨다는 사실은 19세기 말경에 이미 알려져 있었다.

그리고 1928년, 프랑스의 한 연구자가 벤젠 때문인 것으로 보이는 최초의 백혈병 사례를 보고했다. 이후 이탈리아에서는 백혈병 환자가 다수 발생했으며, 그 비율은 다른 나라에 비해 몇 배나 높았다. 구두 공장의 아교를 다루는 작업장은 공기 중에 포함된 벤젠 농도가 200~500ppm으로 매우 높았고, 그곳에서 일하는 사람들의 백혈병 발병률은 일반인보다 20배나 높았다.

건강을 위해 마신 자양강장제에 발암성 의혹 물질이?!

그 때문에 이탈리아에서는 1963년 이후 아교와 잉크에 벤젠을 사용하는 것을 금지했다. 또한 세계보건기구(WHO) 산하 국제암연구소(IARC)는 벤젠을 1군(Group 1) 발암물질, 즉 '인체에 발암성이 있는' 화학

물질로 지정했다. 국제암연구소(IARC)가 인체에 명확한 발암성이 있다고 인정한 화학물질은 많지 않은데, 그중 하나가 벤젠이다.

그런데 벤젠은 왜 암을 유발할까? 그것은 벤젠 구조가 유전자(DNA)를 구성하는 염기와 유사하기 때문이라고 여겨진다. 유전자는 시토신, 티민, 아데닌, 구아닌이라는 네 가지 염기로 이루어져 있다. 이러한 염기에 이상이 생기면 세포에는 돌연변이가 일어나고, 그로 인해 암으로 변한다는 사실이 밝혀졌다.

곰팡이 독소 중에 아플라톡신 B_1이라는 물질이 있다. 이는 발암성이 매우 강한 독소로 DNA 염기와 화학 구조가 유사하다. 이로 인해 DNA 염기와 결합해 그 화학 구조를 변화시키며, 그 결과 돌연변이 세포가 발생해 암으로 이어지는 것으로 보인다. 벤젠 역시 염기와 유사한 구조를 지니고 있어, 골수 세포에 침투하여 염기의 화학 구조를 변화시키고, 그 결과 세포에 돌연변이가 생겨 암으로 이어지는 것이 아닐까 사료된다.

즉, 안식향산나트륨 자체에도 발암 가능성이 있

을 수 있다. 앞서 언급했듯이 안식향산나트륨은 벤젠에 $-COONa$가 결합된 형태로, 기본 화학 구조는 벤젠과 다르지 않다. 따라서 DNA 염기에 작용해 돌연변이를 일으킬 가능성을 완전히 배제할 수 없다.

이러한 첨가물이 아이들이 자주 마시는 청량음료에 사용된다는 것은 상당히 문제가 있어 보인다. 성인 역시 자양강장제를 통해 안식향산나트륨을 지속적으로 섭취하는 것은 바람직하지 않다.

7

독성이 강하고 두통을 일으키는 '산화방지제·아황산염'

✖
✖
✖

와인을 마시면 머리가 아픈 사람은 특히 주의해야 한다

와인을 좋아하는 사람이 많다. 하지만 '와인을 마시면 머리가 아프다'는 사람도 있다. 내 주변에도 이런 사람이 몇 있는데, 이것은 와인에 첨가된 산화방지제인 '아황산염'이 원인일 것이다. 왜냐하면 그런 사람도 무첨가 와인을 마시면 두통을 느끼지 않기 때문이다. 와인을 마시면 머리가 아픈 사람은 일종의 화학물질 과민증으로 여겨진다. 즉, 아황산염에 몸이 민감하게 반응해 결과적으로 두통이라는 증상을 일으킨다는 뜻이다.

화학물질 과민증이란 미량의 화학물질을 섭취했을 때 나타나는 증상이다. 이것은 화학물질에 대한 신체 '거부 반응'으로 볼 수 있다. 인체에는 자기 방어 시스템이 갖춰져 있어서 유해 화학물질을 섭취하면 구토나 설사 등을 통해 그것을 즉시 몸 밖으로 배출한다.

그런데 유해 화학물질이 극히 미량일 때는 그런 시스템이 제대로 작동하지 않아 배설되지 않고 소화관으로 흡수된다. 그리고 그 화학물질은 장기나 조직, 신경 등의 세포를 자극해 다양한 증상을 유발한다. 다만 화학물질에 대한 민감도는 사람마다 차이가 있어서, 미량의 같은 화학물질을 섭취하더라도 증상이 나타나는 사람이 있는가 하면, 나타나지 않는 사람도 있다.

화학물질 과민증이라고 하면, 일반적으로 눈의 자극감이나 피로, 목의 통증, 천식, 홍통 등 새집증후군에서 보이는 증상들이 잘 알려져 있는데, 그 밖에 현기증, 가슴 두근거림, 불면증, 두통 같은 신경 증상도 동반될 수 있다. 결국 이러한 증상은 섭취한 미량의 화학물질이 신체에 부정적인 작용을 하고 있다는 의미이며, 이러한 증상들은 화학물질에 대한 '거부 반응' 또는 '경고 반응'으로 해석할 수 있다.

따라서 와인을 마시면 머리가 아프다는 사람은 와인에 포함된 아황산염에 신체가 거부 반응을 나타내는 것이라고 보면 된다.

와인에 사용되는 '이산화황'은 유독가스

시판되는 와인 병에는 대부분 '산화방지제(아황산염)'라는 표시가 있다. 특히 수입 와인 같은 경우는 거의 100%다. 아시다시피 와인은 포도를 효모로 발효시켜 만드는 술이다. 와인의 본고장인 프랑스, 이탈리아, 독일 등 유럽에서는 오래전부터 와인 제조 과정에서 아황산염을 사용해왔다. 이는 효모 증식을 억제해 발효가 너무 빨리 진행되는 것을 억제하고 잡균을 소독하기 위한 것이다. 또한, 와인의 산화를 막아 변질을 방지하는 목적도 있다. 그런 이유로 '산화방지제'란 표시가 붙는 것이다.

그러나 아황산염은 독성이 강하다. 아황산염에는 여러 종류가 있지만, 와인에 가장 많이 사용되는 것은 이산화황이다. 이산화황의 기체 상태는 아황산가스라고 부른다. '어디선가 들어본 것 같은데!'라고 생각하는 사람도 있을 것이다. 아황산가스는 화산가스나 공장 매연 등에 포함된 유독가스다.

미야케지마 섬의 오야마산이 분화했을 당시, 주민 전원이 피난을 떠났는데, 그 후로 오랫동안 주민들은 섬으로 돌아가지 못했다. 공기 중 이산화황 농도가 매우 높았기 때문이다. 이처럼 이산화황은 독성이 강한 물질이라서, 이러한 특성 때문에 와인 속 효모나 잡균의 증식을 억제하는 데 사용된다.

그만큼 유독한 물질이기 때문에 미량이라도 와인에 포함되었으면 화학물질에 민감한 사람은 두통을 일으킬 수 있다. 다시 말해, 두통은 '이제 그만 마셔라'는 몸의 신호인 셈이다.

그런데 와인 애호가로 유명한 여자 배우 가와시마 나오미 씨('내 피는 와인으로 만들어졌다'라는 발언으로 유명하다)가 2015년 9월에 54세 나이로 세상을 떠났다.

2013년 8월, 가와시마 씨는 건강검진에서 종양이 발견되어 간내담관암 판정을 받았다. 복강경 수술 후 한동안 활동을 재개했지만, 2014년 7월 재발이 확인되었다. 그런 상황임에도 뮤지컬에 출연했으나 건강 악화로 중도 하차했고, 결국 세상을 떠나고 말았다.

가와시마 씨의 암과 와인 사이에는 과연 어떤 관계가 있을까? 만약 관계가 있다면 산화방지제로 첨가된 이산화황이 의심된다. 이산화황(SO_2)에 대해서는 다양한 동물 실험이 진행되었는데, 0.01% 및 0.045%의 이산화황을 포함한 두 종류의 와인과 0.045% 포함한 물을 쥐에게 장기간 섭취시킨 실험에서 간 조직의 호흡이 억제되는 현상이 확인되었다. 또한, 비타민B_1 결핍을 일으켜 성장을 방해하는 사실도 밝혀졌다.

이러한 독성 때문에 후생노동성에서는 와인에 포함된 이산화황 양을 0.035% 미만으로 규제하고 있다. 그러나 와인에 포함된 이산화황 양은 실험의 '0.01%'보다 물론 고농도다. 따라서 사람이 시판 와인을 계속 마실 경우에도 유사한 영향을 받을 우려가 있다. 동물 실험 결과를 보면, 이산화황이 간세포에 악영향을 미친다는 것은 분명한 사실이다. 조직 호흡이 억제되었다는 것은 간세포 기능이 저하되었음을 의미한다.

가와시마 나오미 씨는 간내담관암으로 사망했는데, 이는 간 내 담관에서 발생한 암으로, 일반적으로는 간에 발생한 암으로 간주된다. 이산화황은 앞서 언급한 동물 실험 결과를 통해 간세포에 악영향을 미치는 것으로 추정되지만, 그 영향이 간내담관 세포에도 미칠 가능성이 있다. 그렇다면 이산화황이 암 발생과 무관하다고 단정할 수는 없지 않을까?

와인을 마시면 머리가 아프다는 사람에게는 무첨가 와인을 권한다. 현재 편의점이나 마트 등에는 저렴한 무첨가 와인이 판매되고 있어 손쉽게 구할 수 있다. 메르샹의 '맛있는 산화방지제 무첨가 와인'이 대표적인 제품으로 편의점에서 판매된다. 이 외에도 산토리의 '산화방지제 무첨가 맛있는 와인'도 있다.

'포도에 사용되는 농약이 마음에 걸려요'라고 말하는 사람도 있을 텐데, 그런 사람에게는 무첨가 유기농 와인을 추천한다. 예를 들면 산토네주 와인의 '산화방지제 무첨가 유기농 와인'은 포도 재배 과정에서 화학비료는 물론 유기 JAS(농약이나 화학비료 등 화학물질에 의존하지 않고 자연의 힘으로 생산된 유기식품에 대해 일본 농림수산성 장관이 정한 국가 규격)에서 금지된 농약이 사용되지 않는다.

일반적으로 무첨가 와인은 가격이 저렴하다. 수입 포도즙을 사용하기 때문에 비교적 낮은 가격에 판매되는 것으로 보인다. 사람마다 취향이 달라 맛을 한마디로 정의하긴 어렵지만, 개인적으로는 깔끔하고 맛있었다. 무엇보다 목 넘김이 부드러워서 마음에 들었다. 아황산염이 들어 있는 와인은 어딘가 부자연스러운 맛이 느껴져 마실 때 저항감이 들곤 하는데, 무첨가 와인은 그렇지 않았다.

건과일에 표백제로 사용되는 '아황산염'

아황산염은 산화방지제 외에 표백제로도 사용된다. 표백제는 그 이름처럼 음식물을 표백하기 위한 첨가물이다. 겉모습을 보기 좋게 하려는 목적에서 사용하지만, 본래 식품에는 필요 없는 물질이다. 다만 업자들 요구로 사용이 승인되어 아황산염은 이러한 용도로 사용되는 경우가 더 일반적이다.

아황산염에는 이산화황 외에도 아황산나트륨, 차아황산나트륨, 피로아황산나트륨, 피로아황산칼륨 등이 있다. 그런데 이들 중 어느 것이 사용되었든 '아황산염'이라고 표기하면 충분하다. 다만 업체 판단에 따라 '차아황산나트륨' 등 구체명이 표시되는 경우도 있다. 참고로 차아황산나트륨은 아마낫토(콩이나 밤, 고구마 등을 설탕 시럽에 조린 뒤 슈거파우더를 묻혀 말린 일본 전통 디저트-역자) 표백에 자주 사용된다.

아황산염은 모두 반응성이 높아 색소와 쉽게 반응하며, 이를 분해하여 표백 효과를 낸다. 하지만 그만큼 인체 세포에도 쉽게 작용할 수 있어 해를 끼치기 쉬운 물질이기도 하다. 아황산나트륨은 이산화황을 원료로 화학 합성되는데, 토끼에게 체중 1kg당 이산화황 0.6~0.7g을 경구 투여하자 절반이 죽었다. 인간의 경우 4g을 섭취하면 중독 증상이 나타나며, 5.8g을 먹으면 위장에 격렬한 자극이 발생한다.

동물 실험 결과, 다른 아황산염도 비타민B_1 결핍을 일으켜 성장을 저해할 우려가 있는 것으로 나타났다. 게다가 물에 녹으면 아황산이 생성되어 위 점막을 자극한다. 말린 살구에는 이산화황이 표백제로 자주 사용되는데, 무심코 몇 번 입에 댔다가 위가 욱신거린 경험이 있다. 아마 이산화황이 물에 녹아 아황산으로 변하면서 위 점막을 자극한 것으로 보인다.

최근에는 아황산염이 건과일 표백제로도 사용되고 있으므로 주의가 필요하다. 편의점이나 역사매점에서는 팩에 담은 건과일을 판매하고 있다. 파인애플, 망고, 복숭아 등 여러 가지가 있는데, 과일을 단순히 건조시키기만 하면 색이 변하기 때문에 아황산염을 사용해 선명한 색을 유지하게 한다. 원재료명에는 '표백제(아황산염)'라고 표시된다.

8

발암성 물질이 들어 있는
'캐러멜색소'

✖
✖
✖

'캐러멜색소'에 들어 있는 발암성 물질이란?

캐러멜색소는 청량음료나 탄산음료 같은 음료를 비롯해 소스, 양주, 과자류, 컵라면, 수프, 쓰쿠다니(작은 생선, 해조류, 조개류 또는 채소 등을 간장, 설탕, 미림으로 졸여 만든 일본식 반찬-역자), 우나기가바야키(일본식 양념 민물 장어구이-역자), 닭꼬치, 간장 등 수많은 식품에 갈색을 내기 위해 사용된다. 참고로 캐러멜색소는 천연첨가물(기존첨가물)의 일종이다. 그런데 캐러멜색소 종류에 따라 발암성 물질이 들어 있는 것이 있다.

캐러멜색소는 I형부터 IV형까지 네 가지 종류로 나뉜다.

· **캐러멜 I** - 전분가수분해물, 당밀 또는 당류의 식용 탄수화물을 열처리해서 얻은 것

· **캐러멜 II** - 전분가수분해물, 당밀 또는 당류의 식용 탄수화물에 아황산화합물을 첨가한 뒤 열처리해서 얻은 것

· **캐러멜 III** - 전분가수분해물, 당밀 또는 당류의 식용 탄수화물에 암모늄화합물을 첨가한 뒤 열처리해서 얻은 것

· **캐러멜 IV** - 전분가수분해물, 당밀 또는 당류의 식용 탄수화물에 아황산화합물과 암모늄화합물을 첨가한 뒤 열처리해서 얻은 것

이 가운데 III, IV에는 암모늄화합물이 원료로 들어 있는데, 이것이 열처리로 인해 변화하면서 부산물로 4-메틸이미다졸이 생성된다. 이 물질은 미국 정부의 국가 독성 프로그램이 실시한 마우스 실험에서 발암성이 확인된 바 있다.

원래 캐러멜색소 III는 발암성이 의심되어왔다.

실제로 캐러멜색소 Ⅲ를 4% 포함한 음료수를 래트에게 104주간 먹인 실험에서, 뇌하수체종양 발생 빈도가 명백히 증가한 것으로 확인되었다. 해당 실험을 통해 그 위험성이 다시금 입증된 셈이다.

4-메틸이미다졸이 암을 유발하는 이유는 앞서 언급한 벤젠과 마찬가지로, 그 화학 구조가 인간의 유전자(DNA) 염기와 유사하기 때문이라고 여겨진다. 4-메틸이미다졸의 화학 구조는 염기 중에서도 특히 시토신, 티민과 비슷해서 이로 인해 그 구조에 변형이 생기고, 그 결과 세포가 암으로 변할 우려가 있다는 것이다.

'캐러멜색소'가 들어 있는 식품은 굉장히 많다

캐러멜색소는 착색료 중에서도 가장 많이 사용되는 첨가물이다. 제1절에서 언급한 편의점 도시락도 그 중 하나인데, 조사 결과 대부분 제품에 캐러멜색소가 사용된 사실이 확인되었다. 아마도 원재료가 되는 소스나 간장, 양념 등에 원래부터 첨가되어 있거나 조리할 때 색감을 좋게 하기 위해서일 것이다.

또한, 편의점에서 판매하는 파스타나 야키소바에도 캐러멜색소가 흔히 사용된다. 이런 제품을 매일 먹는다면, 캐러멜색소를 매일 섭취하고 있다고 해도 과언이 아닐 것이다. 그 밖에도 편의점이나 마트 등에서 판매되는 음료에 캐러멜색소가 들어 있는 경우가 많다. 게다가 컵라면, 인스턴트라면, 생라면, 카레루, 레토르트 카레, 즉석국, 미역국, 파래무침, 소스, 푸딩 등 매우 다양한 식품에 캐러멜색소가 사용된다. 이러한 식품의 원재료를 살펴보면 '캐러멜색소' 또는 '착색료(캐러멜)'라는 문구를 자주 볼 수 있을 것이다.

즉, 우리는 자신도 모르는 사이에 이런 식품을 통해 캐러멜색소를 계속해서 섭취하는 셈이다.

'캐러멜색소'가 모두 나쁜 것은 아니다

문제는 '캐러멜색소' 또는 '착색료(캐러멜)'라고만 표시되어 있어 I, II, III, IV 중 어떤 것이 사용되었는지 알 수 없다는 점이다.

캐러멜색소 I과 II는 원료에 암모늄화합물이 사용되지 않으므로 발암성이 있는 4-메틸이미다졸이 포함되지 않는다. 또한, 지금까지의 동물 실험에서도 특별한 독성은 확인되지 않았다. 따라서 식품첨가물로 미량 사용되는 정도라면 큰 문제가 없다고 볼 수 있다.

'캐러멜색소', '착색료(캐러멜)'라고 표시된 제품 중에는 I이나 II가 사용된 것도 있으니 캐러멜색소가 사용된 제품이라고 해서 전부 위험하다고 할 수는 없다. 그러나 캐러멜색소 III나 IV가 사용되었을 가능성도 충분히 있다. 결국 캐러멜색소 III 또는 IV가 포함될 수 있다는 점을 고려하면 '캐러멜색소' 또는 '착색료(캐러멜)'라고 표시된 제품은 되도록 사지 않는 편이 안전하다.

참고로 일부 기업은 캐러멜색소 I~IV 중 어느 것을 사용했는지 알려주기도 하므로 궁금하면 고객상담실에 문의해보자.

9

발암성이 확인된 빵 반죽 개량제 '브롬산칼륨'

✕
✕
✕

굳이 발암성 물질을 사용하는 야마자키제빵

'이 식품에는 발암성 물질이 첨가되었으나 잔류량은 거의 없으니 안전합니다.'

이런 말을 들으면, 여러분은 그 식품을 아무 거리낌 없이 먹을 수 있겠는가? 그런데 실제로 이러한 식품들이 편의점이나 마트에서 버젓이 판매되고 있다. 바로 야마자키제빵의 식빵 '초호준'과 '모닝스타', '런치팩'이다.

야마자키제빵의 홈페이지에는 다음과 같이 적

혀 있다(2024년 5월 27일 기준).

〈당사에서는 각 식품의 품질 개선을 위해 아래 제품에 소맥분개량제인 브롬산칼륨을 사용합니다.〉

(1) '초호준', '저염 식빵 초호준(나트륨 50% 감소)', '식이섬유 식빵 초호준'

(2) '모닝스타'

(3) '런치팩용 식빵'(단, 통밀 식빵은 제외) * 홋카이도 지역 제외

(4) 야마자키 브랜드의 샌드위치 제품에 사용되는 사각 식빵 * 단, 통밀 식빵 및 홋카이도 지역 제외

(5) '쫄깃한 식빵(탕종 반죽 방식)'

사실 여기에서 언급된 '브롬산칼륨'은 발암성이 확인된 화학 합성물질이다. 그런데도 야마자키제빵에서는 이 물질을 굳이 사용하고 있다. 그 이유는 '브롬산칼륨을 사용하면 수분을 유지해 촉촉한 식감을 오랫동안 유지할 수 있기 때문'이라고 한다.

그러나 이런 이유만으로 발암성 물질을 사용해도 괜찮을까? 브롬산칼륨은 발암성이 있어 식품위생법에 따른 첨가물 사용 기준에서 '최종 제품이 완

성되기 전에 분해되거나 제거될 것'이라고 규정되어 있다. 그러나 기업에서 이 기준을 지킨다고 해도, 이런 위험한 화학 합성물을 굳이 사용한다는 점에서 소비자 건강보다 이익을 우선시하는 태도가 드러난다.

사실 야마자키제빵은 과거에도 빵 제조 과정에서 브롬산칼륨을 사용한 적이 있다. 이미 두 차례나 사용을 중단한 이력이 있는데도 이번에 또다시 사용하기로 결정한 것이다.

'브롬산칼륨'을 둘러싼 공방

브롬산칼륨이 소맥분개량제로 사용을 허가받은 것은 1953년이다.

그런데 1976년 당시 후생성이 '브롬산칼륨에 변이원성이 있다'고 발표했다. 변이원성이란 유전자에 돌연변이를 일으키거나 염색체를 절단하는 등의 작용을 하는 성질을 말한다. 이는 정상 세포에 돌연변이를 일으켜 암세포로 변화시킬 가능성이 있음을 의미한다. 그래서 소비자 단체는 후생성에 브롬산칼륨 사용을 금지하라고 요구했다. 당시 학교 급식용 빵에도 브롬산칼륨이 사용되었기 때문에 학부모들 사이에서도 금지를 촉구하는 목소리가 높아졌다.

그러나 후생성은 이를 받아들이지 않았다. '동물 실험에서 발암성이 확인된 것도 아니고, 변이원성만으로는 사용을 금지할 수 없다'는 것이 이유였다. 그래도 소비자 단체와 학부모들 반발은 좀처럼 수그러들지 않았다. 결국 대형 제빵업체 단체인 '일본 빵 공업회'는 1980년 11월에 브롬산칼륨 사용을 중단하기로 결정했고, 여기에 소속된 27개 기업들이 이 결정에 따르면서 결국 야마자키제빵도 사용을 중단했다. 또한, 중소 제빵업체들도 점차 브롬산칼륨 사용을 중단해나갔다.

그 후, 동물 실험을 통해 브롬산칼륨 발암성이 확인되었다. 실험에서 래트에게 브롬산칼륨 농도가 0.025% 및 0.05%인 음료수를 110주 동안 먹인 결과, 신장 세포에 종양이 발생했으며, 높은 비율로 복막중피종이라는 암이 발생한 것이다.

그러나 당시 후생성은 브롬산칼륨 사용을 전면적으로 금지하지 않았다. '최종 식품이 완성되기 전에 분해 또는 제거될 것'이라는 조건을 붙여 빵에 한하여 소맥분개량제로서 사용을 허용했다.

그런데 1992년, 유엔식량농업기구(FAO)와 세계보건기구(WHO) 산하 합동 식품첨가물 전문가 회의(JECFA)에서 '브롬산칼륨을 소맥분개량제로 사용하는 것은 부적절하다'는 결론을 내렸다. 이에 따라 후생노동성은 제빵업계에 브롬산칼륨 사용을 자제할 것을 요청했다. 제빵업계는 이 요청을 받아들여 브롬산칼륨 사용을 전면적으로 중단했다.

참고로 브롬산칼륨 사용이 어려워지자 그 대체재로 비타민C가 사용되기 시작했다. 비타민C는 밀가루에 들어 있는 글루텐에 작용하여 빵 반죽을 더욱 부드럽고 촘촘하게 만드는 역할을 하기 때문이다.

하지만 브롬산칼륨 사용을 완전히 포기하지 않은 제빵업체가 있었다. 바로 야마자키제빵이다. 야마자키제빵은 브롬산칼륨 사용을 재개하기 위해 잔류량을 검사하는 방법을 연구했고, 그 기술을 후생성에 제공하기도 했다.

후생성 또한 분석 방법을 연구한 끝에 마침내 그 기술을 확립했다. 그것은 구운 빵에 남아 있는 브롬산(브롬산칼륨을 구성하는 성분) 농도가 0.5ppb 미만(ppb는 10억 분의 1을 나타내는 농도 단위)인지 확인하는 방식이었다. 이 방법은 2003년 3월, 후생노동성이 '식품 속 브롬산칼륨 분석법에 대하여'라는 제목으로 각 지방 단체에 통지했다. 후생노동성에서는 이 분석 방법을 통해 브롬산 잔류량이 0.5ppb 미만인 것이 확인되면 '브롬산칼륨이 제거된 것'으로 판단된다는 이유로 브롬산칼륨 사용을 인정했다.

'브롬산칼륨'이 사용된 빵이 출시되다!

야마자키제빵에서는 이 조건을 충족했다는 이유로 2004년 6월에 브롬산칼륨을 사용한 '국산 밀 식빵'과 '산로얄 파인아로마'라는 식빵을 출시했다.

나는 이 사실을 알고 강한 위기감을 느꼈다. 이 대로라면 브롬산칼륨이 야마자키제빵의 다른 식빵에도 사용될 가능성이 있을뿐더러, 나아가 다른 제빵업체들도 브롬산칼륨을 사용하게 될 우려가 있었기 때문이다. 그러면 시중에서 판매되는 식빵을 더는 안심하고 먹을 수 없게 될 것이다.

실제로 그 후, 야마자키제빵은 야마자키 식빵, 산로얄 산아로마, 호준, 초호준, 특선 초호준 등 거의 모든 식빵뿐만 아니라 런치팩에도 브롬산칼륨을 사용하기 시작했다. 이에 나는 2004년 10월 8일 발행된 잡지 《주간 금요일》에서, 식빵에 브롬산칼륨을 사용하는 것의 위험성을 지적했다. 또한 2008년 3월 《야마자키 빵은 왜 곰팡이가 피지 않는가》(료쿠후 출판)를 출간하여 브롬산칼륨의 위험성과 이를 고집하는 야마자키제빵의 기업 태도를 비판했다.

그리고 이 책이 출간되고 약 4개월 후인 2008년 7월 23일에는 간사이 지역 소비자 단체인 '안전식품연락회' 주최로 고베시에서 야마자키제빵의 직원 3명과 내가 직접 토론을 벌였다. 그 자리에서 야마자키제빵 측은 브롬산칼륨의 필요성을 주장하며 빵에 남아 있는 브롬산이 0.5ppb 미만이라면 안전성에 문제가 없다는 입장을 내세웠다. 반면, 나는 공장에서 생산되는 모든 식빵의 브롬산 잔류량이 0.5ppb 미만인지 확실하지 않으며, 무엇보다도 발암성이 확인된 브롬산칼륨을 사용하는 것 자체가 잘못된 일이라고 주장했다. 결국, 논쟁은 평행선을 그리며 결론에 이르지 못했다.

한때 사용을 중단했으나 표시 없이 다시 사용하기 시작하다

그 후, 야마자키제빵은 기업 방침을 전환하여 새롭게 출시한 식빵에 브롬산칼륨 사용을 중단했다. 2011년 10월에 출시한 모닝스타, 2012년 2월에 출시한 로열브레드에는 브롬산칼륨을 사용하지 않았다. 그리고 이어서 호준, 초호준, 특선 초호준에도 브롬산칼륨 사용을 중단했으며, 마침내 런치팩에도 사용하지 않게 되었다.

그런데 상황이 갑자기 뒤바뀌었다. 2020년 3월부터 초호준, 특선 초호준, 런치팩 등에서 다시 브롬산칼륨을 사용하기 시작한 것이다. 심지어 이들 제품에 브롬산칼륨이 포함되어 있다는 사실이 전혀 표시되어 있지 않다.

과거 초호준과 특선 초호준 등에 브롬산칼륨을 사용했을 때는 제품 포장에 '본 제품은 품질 개선과 풍미 향상을 위해 브롬산칼륨을 사용하고 있습니다. 사용량 및 잔류량은 후생노동성이 정한 기준에 부합하며, 제3자 기관(일본빵기술연구소)의 제조소 확인 및 정기 검사를 시행하고 있습니다'라고 표기되어 있었다. 그런데 이번에 새롭게 출시된 초호준, 특선 초호준, 런치팩에는 이러한 표시가 전혀 없다. 그 이유에 대해 야마자키제빵은 다음과 같이 설명했다.

'사각 식빵에 사용되는 소맥분개량제인 브롬산칼륨은 최종 식품이 완성되기 전에 분해되어 제품 속에 잔류하지 않기 때문에, 식품표시법(식품표시기준)에 따른 가공보조제에 해당하여 표시가 면제됩니다. 따라서 상품 패키지 원재료명에는 표기하지 않았습니다.'

앞서 언급했듯이, 브롬산칼륨은 '최종 식품이 완

성되기 전에 분해 또는 제거될 것'이라는 사용 기준이 있다. 이 경우, 브롬산칼륨은 가공보조제로 간주되어 표시가 면제되므로, 제품에 브롬산칼륨이 사용되더라도 법률 위반에 해당하지 않는다.

그러나 2004년 6월, '국산 밀 식빵'과 '산로얄 파인아로마'를 출시했을 때는 브롬산칼륨 사용 사실을 소비자에게 알렸다. 그런데 이번에는 그러한 표시가 전혀 없다. 이는 소비자가 제품의 내용을 알고 구매 여부를 판단하는 지극히 당연한 권리를 방해하는 행위라고 할 수 있다.

기업 풍토는 '식품첨가물'에 드러난다

야마자키제빵에서는 현재 판매 중인 '초호준'과 '모닝스타' 같은 사각 식빵에 브롬산이 검출 한계치인 0.5ppb 미만일 경우 '검출되지 않음'으로 표시하고 있다. 그러나 이는 브롬산칼륨이 완전히 0이라는 의미가 아니다. 단지 0.5ppb 미만이라는 것뿐이다.

일반적으로 방사선이나 발암성 물질은 세포 유

전자에 작용하여 변이를 일으킬 가능성이 있기 때문에 '이 이하라면 안전하다'는 기준이 존재하지 않는다. 따라서 0.5ppb 미만이라 하더라도 이를 안전하다고 단정할 수는 없다. 또한 초호준, 모닝스타, 그리고 런치팩에 사용되는 식빵은 매일 기계로 대량 생산된다. 이 모든 제품을 일일이 검사하는 것은 불가능하며, 따라서 모든 빵에서 브롬산이 0.5ppb 미만인지조차 확인할 수 없는 게 현실이다.

최근에는 식빵 제조업체들이 이스트푸드나 유화제 같은 첨가물을 사용하지 않는 추세다. 시키시마제빵은 전부터 'Pasco 초숙' 식빵에 첨가물을 사용하지 않았으며, 세븐아이홀딩스의 '세븐브레드'도 첨가물을 사용하지 않는다. 또 후지빵의 '혼시코미' 역시 이스트푸드와 유화제를 사용하지 않는다.

그러나 야마자키제빵은 식빵과 빵류 제품에 여전히 이스트푸드, 유화제 등 다양한 첨가물을 사용하는 것도 모자라 브롬산칼륨까지 사용하기 시작했다. 그런데도 이 사실을 제품에 표시조차 하지 않는다. 나는 이것이 소비자를 무시하고 이익을 최우선으로 하는 기업 풍토의 결과로밖에 보이지 않는다.

티스푼 하나로도 치명적인 살균력
'차아염소산나트륨'

✕

✕

✕

술집 안주에 살균력 강한 첨가물이 자주 사용된다

퇴근 후 술집에서 '한잔 한다'는 사람도 상당히 많을 것이다. 직장 동료나 상사, 부하 직원과 함께 마시는 경우도 있고, 때로는 혼자 조용히 술을 즐기기도 한다.

술집 유형도 다양하다. 개인이 운영하는 작은 선술집부터 전국적으로 체인을 둔 이자카야까지 폭넓게 분포해 있다. 이런 공간은 하루의 피로를 풀고 내일을 위한 활력을 얻는 장소가 되어야 한다. 하지만 간혹 이상한 맛이 나거나 안전성이 의심되는 안주를 내놓는 가게도 있으니 주의가 필요하다. 이유는 '차아염소산나트륨'이라는 살균제 때문이다. 이 물질은 수영장 소독에 사용되는 화학 합성물질로 '카비 킬러'나 '하이터' 같은 락스 제품의 주성분이기도 하다.

나는 지금까지 몇 번이나 차아염소산나트륨이 사용된 요리를 먹어본 적이 있다. 한 번은 치바현 후나바시시에 있는 한 대중 이자카야를 방문했을 때였다. 그곳은 가격이 저렴하면서도 맛이 좋아, 특히 퇴근 후 직장인들이 많이 찾는 곳이었다. 나는 맥주를 마시며 생선회와 고로케 등을 먹고 있었는데, 메뉴판에서 '보리멸 튀김'이라는 요리가 눈에 띄었다. 나는 보리멸 튀김의 부드러운 식감과 독특한 맛을 좋아해서 튀김 중에서도 특히 즐겨 먹는 편이다.

그러나 사실 보리멸에는 차아염소산나트륨이 사용되는 경우가 많다. 아마도 부패하기 쉬운 생선이라 신선도를 유지하기 위해 사용되는 것으로 보인다. 예전에 이미 여러 튀김 가게에서 차아염소산나트륨이 사용된 보리멸 튀김을 먹어본 터라 경계심을 품고 있었다. 하지만 그 이자카야는 가격이 저렴한데도 생선회가 매우 신선했기 때문에, '혹시 이 가게의 보리멸에는 차아염소산나트륨이 사용되지 않았을지도 모른다'는 작은 기대를 품고 주문해보기로 했다.

'보리멸 튀김'에 급성 독성이 강한 첨가물이 혼입되었다

잠시 후, 주문한 '보리멸 튀김'이 나왔다. 나는 다소 불안감을 느꼈지만, 용기를 내어 한입 먹어보았다. 그러나 안타깝게도 차아염소산나트륨 특유의 약품 같은, 약간 시큼하고 불쾌한 맛이 느껴졌다. 나는 '이 가게에서도 사용하고 있었군……' 하면서 한숨을 내쉬었다. 아마도 이 가게가 들여온 보리멸 자체에 이미 차아염소산나트륨이 사용되었을 가능성이 크다. 따라서 차아염소산나트륨 사용에 대해 철저히 신경 쓰지 않는 이상, 이를 첨가한 보리멸을 그대로 사용할 수밖에 없었을 것이다.

차아염소산나트륨은 급성 독성이 매우 강한 첨가물이다. 마우스를 대상으로 한 실험에서는 체중 1kg당 0.012g만으로도 절반이 폐사한 데이터가 보고되었다. 이를 바탕으로 한 인간 추정 치사량은 티스푼 하나 정도에 불과하다. 또한, 성장기 래트에게 차아염소산나트륨을 음료수에 섞어 투여한 실험의 경우, 2주간 0.25% 이상, 13주간 0.2% 이상 혼입한 결과 현저한 체중 증가 억제 현상이 확인되었다. 아마 위나 장이 손상되어 식욕 부진이나 소화 불량이 발생했을 가능성이 크다. 사람이 음식과 함께 차아염소산나트륨을 섭취한다면 틀림없이 식도나 위, 장 등의 점막이 손상될 것이다.

또한, 차아염소산나트륨을 지속적으로 사용하는 세탁업 종사자들에게 피부염이 발생했다는 보고도 있다. 이는 차아염소산나트륨이 피부 세포를 손상시킨 결과로 보인다.

차아염소산나트륨은 해산물이나 채소 등의 살균을 목적으로 사용되지만, 분해되어 식품에 남지 않는다는 전제하에 표시가 면제된다. 따라서 사용되었더라도 소비자는 이를 알아차리기 어렵다.

그러나 실제로는 차아염소산나트륨이 식품에 잔류하기도 한다. 잔류하면 차아염소산나트륨 특유의 약품 같은 맛, 염소 냄새와 약간 신맛이 섞인 불쾌한 맛이 느껴진다. 이런 맛이 난다는 건 몸에 해롭기 때문일 가능성이 크다.

식품에 표시하지 않고, 문의해야만 첨가물 사용을 인정하는 업체들

차아염소산나트륨은 마트에서 판매되는 팩 초밥에도 섞여 있을 가능성이 있다.

2007년 여름의 일이다. 근처 마트에서 트레이에 담긴 오징어 초밥을 사서 먹었는데, 그 불쾌한 맛이 느껴졌다. 그래서 해당 마트에 전화를 걸자 초밥을 만든 담당자가 "도마와 칼 등의 소독에 차아염소산나트륨을 사용했는데, 그게 오징어에 묻었을 가능성이 있습니다. 죄송합니다"라며 사과했다.

마트의 수산 코너나 정육 코너에서 독한 소독약 냄새를 맡아본 사람이 있을 것이다. 이는 차아염소산나트륨을 사용해 조리 도구를 소독하기 때문이다. 사용 후 충분히 물로 씻어내지 않으면 생선회나 초밥, 육류 등에 잔류할 위험이 있다.

그 후, 강연을 위해 교토에 갔다가 돌아오는 길에 신칸센에서 나라 지역의 명물인 감잎 초밥을 먹었을 때의 일이다. 감잎 초밥은 맛이 좋고, 감잎의 살균력을 활용하여 방부제를 사용하지 않기 때문에 평소 즐겨 먹던 음식이다.

그런데 도미 초밥을 한입 먹자 그 불쾌한 맛이 느껴졌다. 나는 즉시 차아염소산나트륨 때문이라는 것을 알아차렸다. 그래서 신칸센 안에서 곧바로 해당 제조업체에 전화를 걸었다. 마침 사장이 직접 전화를 받았기에 나는 《사지 마라(買ってはいけない)》(긴요비 출판)의 저자라고 밝히고, 도미 초밥에 차아염소산나트륨을 사용했느냐고 물었다. 그러자 상대방은 도미의 경우 유통 과정에서 이미 차아염소산나트륨이 사용되었다는 사실을 인정했다. 얼마 후, 해당 업체로부터 '앞으로 이런 잔류 문제가 발생하지 않도록 개선하겠다'는 내용의 편지가 왔다.

그보다 몇 년 전에도 비슷한 일이 있었다. 근처

마트에서 초록색, 빨간색, 하얀색 세 가지 해조류가 들어 있는 세트 제품을 구매했다. 건강에 좋을 것 같아서 먹었는데, 흰색 해조류를 먹었을 때 불쾌한 맛이 느껴졌다. 나는 제품에 적힌 오이타현의 판매 업체에 전화를 걸었다. 그러자 업체 측은 흰색 해조류에 차아염소산나트륨을 사용했다는 사실을 인정했다. 하지만 제품에는 아무런 기재도 되어 있지 않았다.

이자카야 체인점의 게에서도 강한 소독약 냄새가 진동했다

앞에서 대중 이자카야의 보리멸 튀김 사례를 소개했지만, 사실 차아염소산나트륨은 전국적으로 운영되는 체인점에서 더욱 자주 사용된다. 체인점의 경우, 단 한 곳에서라도 식중독이 발생하면 전체 브랜드 책임으로 이어져 매출이 급격히 감소할 우려가 있다. 심하면 기업이 도산하는 사태로까지 번질 수도 있다. 그래서 식중독을 철저히 막아야 한다는 부담이 과도한 방어로 이어져 결국 차아염소산나트륨이 남용되는 것이다.

예전에 집 근처의 유명 이자카야 체인점에 방문한 적이 있었다. 누구나 이름을 알 만한 이자카야였는데, 메뉴에 구운 게가 있어서 주문해보았다. 그러나 요리가 나오자마자 강한 소독약 냄새가 진동했다. 분명히 차아염소산나트륨 특유의 살균제 냄새였다. 시험 삼아 그 게를 한 입 먹어보니, 역시 차아염소산나트륨 특유의 맛이 났다. 염소 냄새가 나는 듯하면서 약간 신맛이 섞인 불쾌한 맛이었다. 나는 즉시 점장에게 이 사실을 알리고, 요리를 치워달라고 요청했다. 점장은 연신 사과했고, 물론 음식값도 받지 않았다. 그 가게에는 일단 조리사가 있긴 했지만, 식재료는 본사에서 공급되었기 때문에 이런 게가 그대로 제공된 것 같았다.

이처럼 살균 처리를 거친 게는 쉽게 부패하지 않아 장기간 보관이 가능하다. 또한 세균 증식을 억제함으로써 식중독을 예방하는 데도 도움이 된다. 나 같은 경우는 차아염소산나트륨 특유의 냄새와 맛을 구별할 수 있었기에 점장에게 문제를 제기했지만, 이를 인지하지 못한 사람들은 그대로 섭취했을지도 모른다.

설령 그것을 먹고 위장에 어느 정도 부담이 간다 한들 병원균에 의한 식중독처럼 즉각적인 증상이 나타나는 것은 아니다. 결국 가게 입장에서는 영업정지와 같은 위험을 막기 위해, 식중독 예방을 최우선으로 고려해 살균제를 사용할 수밖에 없었을 것이다.

회전초밥에도 사용되는 '차아염소산나트륨'

보리멸 튀김이나 게뿐만 아니라 가자미 조림에서도 소독약 냄새가 날 때가 있다. 초밥에 올라가는 새우 역시 마찬가지다. 모두 요릿집에 납품되기 전부터 이미 차아염소산나트륨으로 살균 처리가 이루어지기 때문이다.

예전에 집 근처 초밥집에 갔을 때의 일이다. 모둠 초밥 세트를 주문하여 맛있게 먹고 있었는데, 삶은 왕새우 초밥을 먹었을 때 또다시 그 소독약 같은 불쾌한 맛이 느껴졌다. 이 새우는 아마도 초밥집에 납품되기 전부터 차아염소산나트륨 처리가 되어 있었던 것 같다. 참고로 지인의 아이도 같은 초밥집에서 새우 초밥을 먹었는데, '수영장 소독약 냄새가 난다'며 더는 먹지 않았다고 한다. 이 가게는 개인이 운영하는 곳이지만, 조리사의 의식이 낮으면 이러한 식재료를 아무렇지도 않게 손님들에게 제공하게 된다.

회전초밥집도 차아염소산나트륨을 사용한다. 도쿄 신주쿠구의 한 회전초밥집을 방문했을 때의 일이다. 고급 재료를 사용하는 곳이었는데, 나는 전복을 좋아해서 전복 초밥 두 점이 올라간 접시를 집어들었다. 한 점을 입에 넣자마자 입 안 가득 소독약 같은 맛이 퍼졌다. 나는 곧바로 화장실로 달려가 그것을 뱉어버렸다.

주변 손님들과 초밥을 만들던 직원들은 무슨 일인지 몰라 놀란 표정이었지만, 어쩔 수 없었다. 나는 아무 말 없이 화장실에서 나와 계산을 마치고 그대로 가게를 나왔다. 나중에 알게 된 사실이지만, 그 전복에도 차아염소산나트륨이 사용된 것이다.

일반적으로 식품첨가물은 생선과 같은 신선식

품에는 사용할 수 없도록 규정되어 있다. 그러나 전복을 양념 처리해 진공 포장하면 가공품으로 분류되기 때문에 첨가물 사용이 가능하다. 아마도 보존을 목적으로 사용되었을 것이며, 회전초밥집에 납품되기 이전 단계에서 이미 첨가되었을 가능성이 크다.

자신의 혀와 코를 믿자!

앞서 언급했듯이 차아염소산나트륨은 식품에 사용되어도 잔류하지 않는다는 이유로 표시가 면제된다. 따라서 실제로 사용되었더라도 소비자는 이를 알 수 없으니 자신의 혀와 코를 믿는 방법밖에는 없다.

술집, 튀김 가게, 초밥집, 레스토랑 등에서 나온 음식에서 수영장 소독약 같은 냄새가 나거나 약품 같은 맛, 신맛이 느껴진다면 차아염소산나트륨이 잔류해 있을 가능성이 크다. 따라서 그럴 경우엔 먹지 않는 편이 좋다.

만약 술집이나 초밥집 등에서 안심하고 음식을 먹고 싶다면 꼼꼼한 조리사가 있는 개인 운영 식당을 추천한다. 이런 가게들은 조리사가 직접 시장에 나가 신선하고 질 좋은 식재료를 구입하여 조리해 제공하기 때문이다. 대다수 조리사들은 차아염소산나트륨을 이용한 소독 처리에 대해 잘 알고 있으며, 그런 식재료를 사용하지 않도록 주의한다.

하지만 개인 운영 가게라고 해서 모두 안전한 것은 아니다. 내가 방문했던 집 근처의 초밥집처럼 안전성에 대한 인식이 낮은 조리사가 운영하는 가게라면 차아염소산나트륨이 사용된 식재료를 아무렇지도 않게 여기며 손님들에게 제공할 수 있으니 주의하기 바란다.

제2장

반드시 알아야 할
첨가물의
'기본 지식'과
'표시 확인법'

첨가물은 '음식'이 아니다!

현재 편의점, 마트, 드러그스토어, 기차역 매점, 자판기 등 다양한 매장에서 판매되는 대부분의 가공식품에는 어떤 형태로든 식품첨가물이 사용된다. 하지만 첨가물은 '음식'이 아니다. 음식은 탄수화물, 단백질, 지방, 비타민, 미네랄 등 영양소를 함유하고 있어 우리 몸의 성장과 유지에 직접적으로 기여하지만, 첨가물은 그렇지 않다.

첨가물은 식품을 제조하거나 보존하기 위해 사

용되는 것으로, 업자들에게는 편리한 물질이지만 소비자에게는 이로울 게 거의 없다. 식품첨가물은 '식품 제조 과정에서 또는 가공 및 보존을 목적으로 식품에 첨가, 혼합, 침윤 등의 방법으로 사용되는 물질'(일본 식품위생법 제4조)이라고 규정되어 있다. 즉, 첨가물은 식품을 가공하는 과정에서 추가되는 것이며, 밀, 쌀, 소금, 설탕과 같은 식품 원료와는 분명히 다른 물질이라는 뜻이다. 참고로 일본 식품위생법은 1947년에 제정된 법률로, 식품 관리 행정의 근간이 되는 법이다.

요즘 시판되는 식품의 대부분은 기계로 대량 생산된 후, 트럭 등을 이용해 매장으로 운반된다. 그리고 일정 기간 진열된 뒤 소비자 입으로 들어가게 된다. 이를 효율적으로 수행하려면, 식품을 가공하기 쉽게 만들거나 색과 향을 더하고 보존성을 높이는 역할을 하는 첨가물이 필요해진다. 또한 생산 비용을 낮추기 위해서도 첨가물이 사용된다.

예를 들어, 주스를 제조할 때 과즙을 많이 사용하기보다 과즙을 줄이고 산미료나 향료, 착색료 등을 사용해 맛과 향을 내는 편이 훨씬 값싸게 제조할 수 있다. 생산 비용을 절감하면 당연히 이윤이 증가한다. 그리고 그 이윤으로 TV 광고를 내보내면 매출을 더욱 늘릴 수 있다.

원래 식품은 쌀, 밀, 대두, 옥수수, 설탕, 소금 등과 같은 원재료로 만들어져야 한다. 이러한 원료는 영양가도 있고 안전하기 때문이다.

그러나 실제로는 영양가도 없고 안전성도 충분히 검증되지 않은 첨가물이 무분별하게 사용되며, 그 사용량은 점점 증가하는 추세다. 심지어, 첨가물로만 만들어진 '음식'도 존재한다(이를 음식이라 부를 수 있을지 의문이지만……).

첨가물을 규제해야 할 후생노동성이 업체 중심 정책을 펼치면서 업체의 요구에 따라 지속적으로 첨가물을 승인하고 있다. 그 결과, 첨가물 종류는 계속해서 늘어나고 있으며, 대부분의 가공식품에 첨가물이 사용되는 상황이 초래되고 있다.

쌀, 밀, 채소, 해조류, 과일, 소금, 간장, 된장 등은 오랜 세월 동안 인간이 섭취해온 식품으로, 긴 식생활 역사에서 그 안전성이 입증되었다는 점은 누구나 인정하는 사실이다.

그런데 첨가물은 그렇지 않다. 일본에서 첨가물이 사용되기 시작한 것은 메이지 시대(1868~1912년) 이후다. 최초로 사용된 첨가물은 청주에 방부제로 첨가된 살리실산으로 알려져 있다. 그 후 화학 합성물질이 식품에 첨가되는 사례가 늘어나자 메이지 정부는 1880년에 광물성 염료 등을 식품 착색에 사용하는 것을 규제했다. 이후에는 유해·유독한 첨가물 목록을 공표하고 해당 물질 사용을 금지하는 방식이 도입되었다. 이를 '네거티브 리스트 방식'이라고 한다. 이 방식에 따른 첨가물 규제는 19세기 후반부터 20세기 중반까지 계속되었다. 그러나 화학 공업이 발전하면서 더 많은 화학 합성물질이 생산되고 식품에 첨가되면서 기존 방식으로는 규제가 어려워졌다. 첨가된 화학 합성물질의 위험 여부를 파악하는 데 시간이 걸려, 그 식품이 시중에 대량으로 유통된 후에야 문제가 드러났기 때문이다. 이로 인해 위험한 첨가물로 인한 피해가 광범위하게 확산될 위험에 직면했다.

이를 극명하게 보여주는 사건이 제2차 세계대전 후 혼란기에 발생했다. 전쟁으로 황폐해진 사회에서 고된 생활을 술로 달래려는 사람들이 많았다. 그러나 이런 사회적 상황에 충분한 양의 술이 공급될 리 없었다. 일부 악덕 업자들은 공업용 메틸알코올을 술에 섞어 판매했다. 아는 사람도 있을지 모르지만, 메틸알코올은 독성이 매우 강한 물질로 10~20ml 섭취하면 실명하고, 80~120ml 섭취하면 사망에 이르게 된다. 이로 인해 음주로 인한 실명자가 속출하며 사회 문제가 되었다. 이에 정부는 '유독 음식물 등 단속령'을 공포하여 메틸알코올이 포함된 식품 판매를 금지했다.

게다가 1947년에는 식품 행정 기본법인 '식품위생법'이 제정되었으며, 첨가물 규제 방식에서도 기존과는 다른 '포지티브 리스트 방식'이 채택되었다. 이것은 원칙적으로 첨가물 사용을 금지하고 국가가 안전하다고 판단한 첨가물만 목록에 공개하여 사용을 허용하는 방식이다. 즉, 리스트에 없는 첨가물은 사용할 수 없다는 의미다.

그리고 그 이듬해에는 이 방식에 따라 안식향산나트륨, L-글루탐산나트륨, 적색2호, 적색102호, 황색4호, 황색5호 등 60품목의 첨가물이 허가(지정)되었다. 당시 허가된 첨가물은 모두 화학적으로 합성된 것, 즉 '합성첨가물'뿐이었다.

천연첨가물(현재의 기존첨가물)은 자연에서 추출된 성분이라는 이유로 첨가물로 간주되지 않고 식품으로 취급되었다. 그 때문에 특별한 규제가 이루어지지 않아 사실상 방치된 상태였다. 그러다가 1995년부터 이러한 첨가물에 대한 규제가 본격적으로 시행되기 시작했다. 1948년 처음 첨가물이 승인된 이

후, 그 수는 해마다 늘어났다. 그리고 일본이 고도 경제성장기에 접어들면서 식품도 대량 생산·대량 소비 시대가 되었다. 이에 따라 첨가물 수는 계속해서 늘어나 1969년에는 356품목에 달하게 되었다.

그런데 바로 그 해에 첨가물의 안전성을 뒤흔드는 사건이 발생했다. 당시 첨가물은 국가가 안전성을 보장했으므로 국민은 전혀 의심하지 않았다. '원자력 발전소는 절대 안전하다'는 '원전 안전 신화' 같은 '첨가물 안전 신화'가 사회 전반에 퍼져 있었기 때문이다.

그러나 미국에서 전해진 정보가 이 안전 신화를 뒤흔들었다. 현지에서 실시된 동물 실험 결과, 합성 감미료인 '치클로(사이클라메이트칼슘 및 사이클라메이트 나트륨)'에 발암성과 기형 유발성이 강하게 의심된다는 사실이 밝혀졌다. 이에 따라 미국에서는 치클로 사용이 전면 금지되었다.

당시 일본에서는 치클로가 분말 주스나 아이스크림 등에 흔히 사용되었다. 이에 당시 후생성은 미국의 결정을 따라 1969년에 포지티브 리스트에서 치클로를 삭제하고 사용을 금지했다. 나는 그때 중학생이었는데, 그전까지 마시던 분말 주스를 갑자기 마실 수 없게 된 것에 불만을 느꼈다. 아마도 나와 비슷한 감정을 느낀 사람들이 많았을 것이다.

이 치클로 사용 금지 사건은 사회적 이슈로 떠오르면서 식품첨가물의 '안전 신화'가 무너지기 시작한 계기가 되었다. 이 사건을 계기로, 1972년에는 '식품첨가물 사용을 규제하는 국회 결의'가 이루어졌다.

그러나 그로부터 2년 후, 첨가물의 안전 신화를 완전히 무너뜨리는 결정적인 사건이 발생했다. 바로 살균제 AF-2에서 발암성이 확인된 것이다. 당시 AF-2는 강력한 살균제로, 두부나 어육 소시지 등에 사용되었다. 이 물질은 살균력이 매우 강해서 어육 소시지의 경우 몇 년간 상온에 두어도 부패하지

163

않을 정도였다. AF-2가 강한 살균력을 갖는 이유는 세균 유전자에 변이를 일으켜 번식을 막기 때문이다. 그 결과, 세균이 증식하지 못해 식품이 부패하지 않게 된다.

그러나 이는 양날의 검과 같다. 세균뿐만 아니라 인간의 세포 유전자에도 변이를 초래할 위험이 있기 때문이다. 이 문제를 인식한 한 연구자가 AF-2가 인간 세포에 미치는 영향을 실험하고 염색체에 어떤 영향을 미치는지 관찰했다. 그 결과, 절단된 염색체가 다수 발견되었다.

연구자는 이 사실에 놀라움을 금치 못했다고 한다. 왜냐하면 이렇게 심각한 염색체 이상을 유발하는 물질은 발암성 물질 중에서도 드물뿐더러 실험실에서 '위험 물질'로 분류되는 약품과 비슷한 수준이었기 때문이다. 그런 화학물질이 식품에 사용되었다는 사실 자체가 충격이었던 것이다.

그 후, 후생성의 연구 기관인 국립위생시험소(현 국립 의약품식품위생연구소)에서 마우스를 이용한 실험을 진행한 결과 AF-2의 발암성이 확인되었다. 이에 따라 1974년에 AF-2의 식품 사용이 전면 금지되었다. 이 두 사건으로 인해 첨가물의 안전 신화는 완전히 붕괴되었으며, 9년 동안 새로운 첨가물 승인은 거의 이루어지지 않았다.

미국 요구에 따라 지금도 첨가물을 계속 승인하는 후생노동성

그런데 1983년, 이러한 방침이 깨졌다. 이 해에 한꺼번에 다수의 첨가물이 승인된 것이다. 그중에는 현재 탄산음료, 껌, 사탕 등에 널리 사용되는 합성 감미료 '아스파탐'도 포함되어 있었다.

이들 11품목의 승인을 강하게 요구한 주체는 미국 정부와 기업이었다. 왜냐하면 첨가물이 비관세 장벽으로 작용했기 때문이다. 즉 미국에서 승인된 첨가물이라도 일본에서 허가되지 않은 경우, 해당 첨가물을 사용한 식품을 미국이 일본에 수출할 수 없었다. 그래서 미국 측은 해당 첨가물들 승인을 일본 정부에 요구했던 것이다.

그리고 후생성은 이를 받아들여 11품목을 한꺼번에 승인하는 등 기존 정책을 바꾸는 방침을 취했다. 이 일을 계기로 첨가물의 국제 평준화가 진행되기 시작했다. 지금도 이 국제 평준화는 진행 중이며, 특히 2002년부터 이러한 경향이 더욱 두드러지게 나타났다.

그해 후생노동성은 경제 글로벌화에 따라 식품 수출입을 원활히 하기 위해 국제 표준화를 적극 추진하겠다는 방침을 발표했다. 다시 말해 미국이나 EU 국가 등에서 사용이 널리 허용된 첨가물을 일본에서도 승인하겠다는 것이었다. 구체적으로는 승인 대상이 된 46품목 첨가물이 목록에 포함되었으며, 이를 매년 순차적으로 허가한다는 계획이었다. 그후, 이러한 첨가물들이 차례로 승인(지정)되면서, 결과적으로 첨가물 수는 꾸준히 늘게 되었다.

'지정첨가물'과 '기존첨가물'은 무엇이 다른가

현재 식품첨가물에는 '지정첨가물'과 '기존첨가물'이 있다. 지정첨가물은 후생노동성 장관이 '사용해도 좋다'고 정한 첨가물을 의미한다. 대부분 화학 합성품이지만, 해바라기 레시틴과 같은 일부 천연 물질도 포함된다.

햄이나 소시지 등에 사용되는 아질산나트륨, 과자나 음료 등에 사용되는 수크랄로스, 아세설팜칼륨, 아스파탐, 수입 감귤류에 사용되는 OPP와 TBZ 등은 지정첨가물로 2024년 4월 기준, 총 476품목이다.

한편 기존첨가물은 일본에서 오랫동안 사용되어온 첨가물로, 그간의 소비 경험을 바탕으로 안전성이 인정되어 예외적으로 허용된 물질이다. 이들 첨가물은 모두 천연 성분에서 유래한 물질이다. 캐러멜색소, 즉석라면 및 컵라면 등에 사용되는 치자황색소, 잔탄검, 트레할로스, 홍국색소 등이 기존첨가물이다. 2024년 4월 기준, 기존첨가물은 총 357품목이다.

지정첨가물과 기존첨가물을 합하면 800품목 이상이지만, 이 외 물질을 첨가물로 사용하는 것은 금지되며, 만약 허가되지 않은 첨가물을 사용할 경우 식품위생법 위반이 된다.

그리고 지정첨가물과 기존첨가물 외에도 '일반

음식물첨가물'과 '천연향료'라는 개념이 있다. 일반 음식물첨가물이란 일반적으로 식품으로 사용되는 물질을 첨가물로 활용하는 것을 의미한다. 예를 들어 간장이나 된장에 사용되는 알코올(주정), 대두다당류, 셀룰로스, 적양배추색소 등 약 100품목이 이에 해당하며, 이러한 물질은 원래 식품에 포함된 성분이므로 안전성에 문제가 없다. 또한, 천연향료는 자연계의 식물이나 미생물 등에서 추출한 향 성분으로 약 600품목이 있다.

다만 일반 식품첨가물과 천연향료에는 포지티브 리스트 방식이 적용되지 않는다. 즉, 리스트에 없는 성분이라도 사용할 수 있다는 뜻이다. 후생노동성에서는 일단 목록을 정리해두는 것이 필요하다고 판단하여 해당 리스트를 만들었으며, 이것이 앞서 언급한 지정첨가물 및 기존첨가물과 크게 다른 점이다.

첨가물 표시는 '식품표시법'에 따라 원칙적으로 '물질명'을 기재해야 한다. 아질산나트륨, 아스파탐, 아세설팜칼륨, 수크랄로스, 안식향산 등의 구체적인 명칭이 바로 '물질명'이다.

　참고로 '식품표시법'은 2015년 4월 1일부터 시행된 새로운 법률이다. 그전까지 식품 표시에 관해서는 '식품위생법', 'JAS법(일본농림규격 등에 관한 법률)', '건강증진법' 등에 따라 규정되었지만, 법마다 기준이 달라 일관성이 없고 복잡하다는 비판이 있었다. 그래서 이러한 법률의 식품 표시와 관련된 규정을 정리·통합하여 일원화된 표시 방식으로 만들었다. 이에 따라 식품 표시와 관련된 사항은 모두 식품표시법에 따라 규정되었다. 더불어 구체적인 표시 방법 등에 대해서는 이 법을 기반으로 작성된 '식품표시기준'에 명시되어 있다.

　첨가물은 식품표시기준에 따라 원재료명에 표시된다. 먼저, 밀가루, 쌀, 설탕, 식염, 간장 등 식품 원료가 사용량이 많은 순서대로 기재되며, 그 뒤에

'/'를 표시한 후, 첨가물 역시 사용량이 많은 순서대로 기재된다. 제품에 따라서는 식품 원료와 첨가물을 별도의 칸에 기재하거나 줄 바꿈을 통해 구분하는 경우도 있다. 또한, 이 규정은 지정첨가물과 기존첨가물뿐만 아니라 일반음식물첨가물 및 천연향료에도 적용된다.

앞서 언급했다시피 물질명이란 첨가물의 구체적인 명칭이다. 예를 들어 아질산나트륨, 수크랄로스, 아세설팜칼륨, 또는 비타민C 및 비타민E 등이 여기에 해당한다. 한편 발색제, 감미료, 곰팡이방지제, 착색료는 '용도명'이다. 다시 말해 어떤 용도로 사용되는지가 표시된다.

현재는 물질명 표시가 원칙이지만, 과거에는 물질명이 표시되지 않았다. 내가 학생이었을 때만 해도 슈퍼에서 판매되는 식품에 '합성보존료', '합성감미료', '합성착색료' 같은 표시만 있었다. 즉 물질명이 아니라 용도명만 표시하면 되었다. 물질명이 표시되기 시작한 것은 1991년부터다.

'기능성 표시 식품'과 '특정 보건용 식품'은
비슷하면서도 다르다

현재 첨가물 표시는 식품표시법에 따라 이루어지는데, '기능성 표시 식품' 또한 이 법률을 기반으로 판매되고 있다. 그리고 2024년 3월에 심각한 문제가된 고바야시제약의 '홍국 콜레스테 헬프' 역시 기능성 표시 식품 중 하나다.

기능성 표시 식품과 유사한 것으로 특정 보건용 식품이 있다. 둘은 비슷하지만, 사실 전혀 다르다. 특정 보건용 식품이란 건강 유지에 도움이 되는 특정 성분을 포함한 식품으로 허가제가 적용되어, 허가를 받고자 하는 기업이 효과와 안전성을 입증하는 데이터를 소비자청에 제출해야 하며, 이를 바탕으로 심사가 이루어진다.

그리고 안전성과 효과가 인정되면 특정 보건용 식품으로 허가를 받아 일정 기능을 표시할 수 있다. 그 기능은 '장 상태를 조절한다', '지방 흡수를 억제한다', '콜레스테롤을 낮춘다', '당 흡수를 완만하게 한다', '혈압을 낮춘다' 등으로 분류된다. 특정 보건용 식품 제도는 건강증진법에 근거하여 1991년에 도입된 제도다.

한편, 기능성 표시 식품은 앞서 언급한 대로 식품표시법에 근거한 제도다. 가공식품이나 건강보조제뿐만 아니라 채소나 과일과 같은 신선식품도 건강 유지 및 증진 효과를 구체적으로 나타낼 수 있으므로 기능성 표시가 가능하다.

기능성을 표시하기 위해서는 안전성과 기능성의 근거에 관한 정보, 생산·제조·품질 관리에 관한 정보를 판매일 60일 전까지 소비자청에 신고해야 한다. 그리고 그 신고가 접수되면, 기능성 표시 식품으로서 건강 유지·증진 효과를 표시하여 판매할 수 있게 된다.

'홍국 콜레스테 헬프' 외의 '기능성 표시 식품'에서도 건강 피해가 보고되고 있다

특정 보건용 식품은 안전성과 기능성에 대해 소비자청의 심사를 거치지만, 기능성 표시 식품은 그러한 심사가 전혀 없다. 안전성과 기능성에 대한 책임을 전적으로 기업이 지게 하는 것이다.

그러나 기업은 아무래도 이익을 우선시하는 경향이 있다. 따라서 안전성이나 위생 관리가 충분히 이루어지지 않을 가능성이 있으며, 그 결과 '홍국 콜레스테 헬프'와 같은 제품이 판매되어 섭취한 사람들에게 건강 피해가 발생했다고 볼 수도 있다. 게다가 이번 사건은 빙산의 일각에 불과할지도 모른다.

이번 사건을 계기로 소비자청이 기능성 표시 식품으로 등록된 6,795개 제품(1,693개 기업)을 대상으로 긴급 조사한 결과, 그동안 의료 종사자로부터 총 35개 제품과 관련하여 누적 147건(속보 기준)의 건강 피해가 업체에 보고된 것으로 밝혀졌다. 그중에는 입원이 필요한 사례도 있었다.

그러나 이러한 건강 피해 사례는 지금까지 소비자청에 보고되지 않았다. '홍국 콜레스테 헬프' 사건이 밝혀진 후 소비자청이 조사를 진행하면서 비로소 수면 위로 드러난 것이다. 소비자청에 등록된 약 6,800개의 기능성 표시 식품 중 약 70%가 실제로 판매되고 있다. 이는 많은 사람들이 다양한 기능성 표시 식품을 섭취하고 있다는 의미다. 이 가운데에는 해당 식품의 섭취가 원인이었음을 모른 채 건강이 나빠진 사람도 있을 수 있다.

지금까지 널리 소비되지 않은 원재료가 사용된 제품에 대해 '정말 안전할까?'라는 의구심이 들거나 섭취 후 몸 상태가 좋지 않다면 즉시 섭취를 중단하는 것이 바람직하다.

사용 목적이 기재된 첨가물은 독성이 강하다

원재료명

우유, 커피, 설탕, 전지분유, 덱스트린 / 카제인나트륨, 유화제, 향료, 산화방지제(비타민C), 감미료(아세설팜칼륨, 수크랄로스)
캔커피의 원재료명 예시

앞서 언급했다시피 현재 첨가물은 원칙적으로 '물질명'으로 표시된다. 위의 상자 안은 캔커피의 원재료명 예시다. '카제인나트륨', '비타민C', '아세설팜칼륨', '수크랄로스' 등이 물질명으로, 이와 같은 표기를 통해 어떤 첨가물이 사용되었는지 구체적으로 알 수 있다.

한편 '유화제', '향료', '산화방지제', '감미료' 등은 사용 목적을 나타내는 '용도명'이다. 유화제는 물과 기름처럼 섞이기 어려운 성분을 잘 섞이게 하며, 향료는 말 그대로 향을 더하는 역할을 한다. 또한 산화방지제는 식품 성분의 산화를 막아주고, 감미료는 단맛을 더한다.

위 상자 안에는 '산화방지제(비타민C)'처럼 용도명과 물질명이 함께 표시되어 있다. 즉, 산화방지제로서 비타민C가 사용되었다는 것을 나타낸다. 이러한 방식으로 두 가지를 함께 표시하는 것을 '용도명 병기'라고 한다.

소비자청에서는 일부 첨가물에 대해 용도명 병기를 의무화하고 있으므로 이러한 표시 방식이 사용된다. 용도명 병기가 의무화된 첨가물은 다음과 같은 용도로 사용된다.

· 산화방지제 – 산화를 방지한다

- **감미료** - 단맛을 더한다

- **착색료** - 착색한다

- **보존료** - 보존성을 높인다

- **표백제** - 거무스름해지는 것을 방지하고 색을 선명하게 유지한다

- **곰팡이방지제** - 곰팡이 발생과 부패를 억제한다

- **호료(증점제, 겔화제, 안정제)** - 점도를 높이거나 점성을 부여하고, 젤리 형태로 굳힌다

또한 착색료의 경우, 첨가물명에 '색'이라는 글자가 있으면 용도명을 병기하지 않아도 된다. 예를 들어 '캐러멜색소'는 '색소'라는 단어가 있기 때문에 용도명이 따로 표시되지 않는다. 이는 착색료라는 사실만으로도 사용 목적을 쉽게 알 수 있기 때문이다.

그리고 한 가지 중요한 사실이 있다. 용도명이 병기된 첨가물에는 독성이 강한 것이 많다는 점이다. 소비자청에서는 소비자가 어떤 첨가물인지 직접 확인하고 판단할 수 있도록 물질명과 용도명을 함께 표기하도록 의무화하고 있다.

다만 모든 첨가물이 독성이 강한 것은 아니며, 산화방지제인 '비타민C'와 '비타민E', 착색료인 'β-카로틴'과 같이 독성이 거의 없는 것들도 포함된다.

참고로, 제1장에서 다룬 '10대 식품첨가물'은 대부분 용도명이 병기된 첨가물이다.

첨가물의 '일괄명 표시'라는 교묘한 허점

첨가물은 원칙적으로 물질명이 표시되는데, 감미료, 산화방지제, 착색료 등은 용도명도 함께 표기하도록 되어 있다. 따라서 소비자가 표시를 통해 어떤 첨가물이 사용되었는지 모두 구체적으로 알 수 있어야 한다. 하지만 실제로는 그렇지 않다. '일괄명 표시'라는 커다란 허점이 있어 대부분의 첨가물은 물질명이 표시되지 않는다.

일괄명이란 용도명과 거의 같은 개념이다. 174쪽 상자 안을 다시 한번 확인해보자. 여기에서는 '유화제'와 '향료'가 일괄명이다. 유화제에는 쇼당지방산에스테르, 프로필렌글리콜지방산에스테르, 폴리소르베이트60 등 합성유화제만 12품목이 있지만, 어떤 것을 몇 개 사용하든 '유화제'라고만 표시하면 된다. 또한 합성향료는 160품목 정도가 있지만, 어떤 향료를 얼마나 사용하든 단순히 '향료'라고만 표기하면 된다. 이것이 바로 일괄명 표시다. 그러므로 소비자는 어떤 첨가물이 사용되었는지 구체적으로 알 수 없다.

모든 첨가물을 개별적으로 표기하면 공간 부족으로 표시가 어려울 수 있어 이러한 일괄명 표시가 허용된 것이다. 그리고 업체 측에서 특정 성분명이 공개되는 것을 원하지 않는 이유도 있다. 사실 일괄명 표시가 허용된 첨가물은 다음과 같이 매우 많다.

· **향료** - 향을 더한다

· **유화제** - 물과 기름 등을 잘 섞이게 한다

· **조미료** - 감칠맛을 낸다

· **산미료** - 신맛을 낸다

· **팽창제** - 식품을 부풀린다

· **산도조절제** - 산도와 알칼리도를 조절해 보존성을 높인다

· **이스트푸드** - 빵을 폭신폭신하게 만든다

- **껌베이스** - 껌의 기본 재료가 된다

- **추잉껌연화제** - 껌을 부드럽게 한다

- **두부응고제** - 두부를 굳힌다

- **간수** - 라면의 풍미와 색을 낸다

- **고미료** - 쓴맛을 낸다

- **광택제** - 광택을 낸다

- **효소** - 단백질로 이루어져 있으며, 다양한 기능을 한다

이상과 같이 각 일괄명에 해당하는 첨가물은 대략 수십 품목이며, 향료는 160품목 정도가 있다(단, 천연향료는 제외). 따라서 대부분의 첨가물은 어느 한 일괄명에 포함되기 때문에 결과적으로 개별 물질명이 표시되지 않는 경우가 많다.

더불어 일괄명 표시가 허용된 첨가물은 대부분 독성이 강하지 않다. 그래서 소비자청에서도 개별 물질명이 아닌 일괄명 표기를 인정하는 측면이 없지 않아 있다. 하지만 최근 사용이 허용된 유화제인 폴리소르베이트 계열 중에는 발암성이 의심되는 물질이 있다. 향료도 마찬가지다.

그 밖에도 표시가 면제되는 첨가물이 있다. 즉, 첨가물을 사용했더라도 표시할 필요가 없다는 뜻이다. 이러한 첨가물은 다음 세 종류로 나눌 수 있다.

먼저 '영양강화제(강화제)'다. 이는 식품의 영양가를 높이기 위한 첨가물로, 비타민류, 아미노산류, 미네랄류 등이 이에 해당한다. 이들 성분은 인체에 이로운 역할을 하며 안전성이 높다고 판단되기에 표시가 면제된다. 다만 제조사가 원할 경우 표시하는 것도 가능하다.

다음은 '가공보조제'다. 이는 식품을 가공·제조하는 과정에서 사용되지만, 최종 제품에는 남아 있지 않거나 남더라도 극히 미량이어서 식품 성분에 영향을 주지 않는 첨가물을 의미한다. 예를 들어 염산이나 황산 등이 이에 해당한다. 이러한 첨가물은 단백질을 분해하는 목적으로 사용되지만, 수산화나트륨(이것도 첨가물 중 하나) 등으로 중화시켜 최종 식품에 남지 않도록 처리된다. 이 경우, 가공보조제로 간주되어 표시가 면제된다.

마지막 하나는 '캐리오버'다. 이는 원재료에 들어 있는 첨가물이다. 예를 들어 센베이(일본식 쌀과자)의 원재료는 쌀과 간장인데, 사용된 간장에 보존료가 들어 있는 경우가 있다. 이 보존료가 최종 제품인 센베이에 남아 있지 않거나, 남더라도 극히 미량으로 효과를 발휘하지 않는 경우, 이를 캐리오버라고 한다. 그래서 보존료는 표시 면제 대상이 되고, 원재료는 '쌀, 간장'으로만 표기된다.

그 밖에 매장에서 낱개로 판매되는 빵, 케이크, 사탕 등도 첨가물 표시 의무가 없다. 도시락 가게에서 조리해서 판매하는 도시락도 마찬가지다. 즉, 용기나 포장에 담겨 있지 않은 식품은 첨가물을 표시하지 않아도 된다.

다만 레몬이나 오렌지, 자몽 등은 낱개로 판매되는 경우라도 OPP, TBZ 또는 기타 방부제가 사용되었다면 반드시 안내판을 통해 표시해야 한다. 또한, 감미료인 사카린나트륨이 사탕류 등에 사용된 경우에도 마찬가지로 반드시 표시해야 한다.

'무첨가', 'OO 미사용' 표시가 사라졌다!

최근 규동 체인점 마쓰야에 갔다가 사뭇 달라진 매장 분위기에 깜짝 놀랐다. 예전에는 '화학조미료, 인공감미료, 합성착색료, 합성보존료는 사용하지 않습니다'라고 적힌 포스터가 붙어 있었지만, 어느새 사라지고 없었다. 이는 소비자청이 '식품첨가물 미사용 표시에 관한 가이드라인'을 제정하면서, '무첨가'나 '첨가물 미사용' 같은 문구 사용을 금지했기 때문이다. 해당 규정은 2022년 4월부터 시행되었고, 2년의 이행 기간을 거쳐 2024년 4월부터는 이러한 표시가 거의 사라지게 된다.

첨가물 섭취를 꺼리는 이들 중에는 그동안 '무첨가'나 'OO 미사용' 등의 표시를 보고 제품을 고른 사람도 있을 텐데, 이제는 그럴 수 없게 되었다. 이러한 표시에 일부 문제가 있었던 것도 사실이다. 예컨대 '무첨가' 표시를 보고 '첨가물이 전혀 들어가지 않았구나'라고 생각하고 구매했지만, 알고 보니 그 아래 작은 글씨로 '합성착색료, 합성보존료'라고 적혀 있는 경우가 흔했다.

즉 해당 첨가물은 사용하지 않았지만 다른 첨가물은 사용했다는 의미로, 따지고 보면 '무첨가'가 아닌 것이다. 이는 교묘하게 소비자를 기만하는 행위라고 볼 수 있다. 이러한 문제는 오랫동안 논란이 되어왔는데, 사회적으로 큰 이슈가 된 사건이 하나 있었다. 바로 이스트푸드와 유화제 표시를 둘러싸고 대형 제빵업체들 사이에 벌어진 치열한 논쟁이었다.

제빵업체들 사이의 치열한 논쟁

시키시마제빵의 '파스코 초숙'처럼 첨가물이 사용되지 않는 무첨가 식빵이 늘고 있다. 그래서 예전에는 제품 포장지를 보면 '이스트푸드·유화제는 사용하지 않았습니다'라는 표시가 있었다. 또한 후지빵의 '혼시코미'에도 비타민C는 첨가했지만 그 외 첨가물은 사용하지 않아서 '이스트푸드·유화제는 사용하지 않았습니다'라는 표시가 있었다.

한편 야마자키제빵 측은 '초호준'이나 '더블 소프

트' 등에 유화제와 이스트푸드를 첨가하고 있었다. 그 때문에 '○○ 미사용'이라고 표시할 수 없었다. 이러한 상황을 두고 야마자키제빵은 2019년 3월, 홈페이지에서 '이스트푸드, 유화제 무첨가 등의 강조 표시에 대하여'라는 제목으로 '파스코 초숙'이나 '혼시코미' 등의 표시를 '부적절한 표시이므로 즉시 중단해야 한다'라고 강하게 비판했다.

그 이유 중 하나는 "안전성이 국제적으로 공인되었으며, 국가가 과학적 근거를 바탕으로 안전성을 평가하고 널리 사용되는 이스트푸드와 유화제에 대해 문제가 있는 것처럼 보이게 하고, 무첨가 강조 표시가 되어 있는 식빵이나 빵이 식품 안전성과 건강 면에서 우위에 있는 제품처럼 오해될 소지가 있으므로 적절한 표시라고 할 수 없다"는 것이었다.

이러한 지적을 받은 시키시마제빵과 후지빵은 '이스트푸드·유화제 미사용' 표시를 중단한다고 발표했다. 이 논쟁은 신문에도 보도되었는데, 소비자청은 2021년 3월에 '식품첨가물 미사용 표시에 관한 가이드라인 검토 회의'를 지시하고, '무첨가'나 '○○ 미사용' 등의 표시 방식에 대해 논의했다. 그리고 2022년 3월 30일, '식품첨가물 미사용 표시에 관한 가이드라인'이 공표되었다.

터무니없는 국가 가이드라인

해당 가이드라인에서는 식품표시법 금지 사항에 해당할 우려가 있는 표현으로 단순한 '무첨가' 표시, '무첨가' 또는 '미사용'이라는 표현을 건강이나 안전과 관련지은 표시, 그리고 '무첨가' 또는 '미사용'이라는 문구 등을 과도하게 강조한 표시 등 10가지 유형을 제시했다.

그 이유 중 하나로 "식품첨가물은 안전성 평가를 거쳐 인체에 해를 끼칠 우려가 없는 경우에만 국가에서 사용을 허가하기 때문에, 사업자가 독자적으로 건강이나 안전에 대한 과학적 검증을 하고 이를 관련 용어와 연결하는 것은 부당하며, 실제보다 더 좋은 것처럼 소비자가 오해할 가능성이 있다"고 설명하고 있다.

하지만 '인체에 해를 끼칠 우려가 없는 경우에

만 국가에서 사용을 허가한다'는 말이 과연 사실일까? 첨가물의 안전성은 전부 쥐나 개 등의 동물을 대상으로 조사한 것에 불과하다. 다시 말해 인간에 대한 안전성이 확인된 것이 아니기 때문에 실제로 사람이 먹었을 때 정말 안전한지는 알 수 없다는 뜻이다.

애초에 동물 실험을 통해 확인할 수 있는 것은 암이 발생하는지, 신장이나 간 등 장기에 이상이 생기는지, 체중이 줄어드는지 같은 비교적 뚜렷한 증상들뿐이다. 사람이 첨가물을 섭취했을 때 나타날 수 있는 미묘한 영향, 즉 혀나 잇몸, 구강 점막 자극, 위 팽만감이나 통증, 소화불량, 아랫배의 묵직한 통증, 알레르기 등 직접 호소해야만 알 수 있는 증상은 동물 실험으로는 확인하기 어렵다.

그리고 사람이 받는 이런 미묘한 영향은 여러 가지 첨가물이 함께 사용되었을 때 더 잘 나타난다고 생각한다. 여러 첨가물이 한꺼번에 몸속으로 들어오면 위나 장 등의 점막이 더 쉽게 자극받기 때문이다. 하지만 동물 실험에서는 한 가지 첨가물만 투여하여 그 독성을 조사한다. 즉, 여러 첨가물이 함께 사용될 때의 영향에 대해서는 밝혀지지 않은 셈이다.

첨가물에는 이런 문제들이 있기 때문에 '무첨가'라고 표시된 제품을 찾는 소비자들이 적지 않다. 또한, 위험성이 지적된 보존료, 합성착색료, 발색제, 인공감미료 등에 대해 '무첨가'라고 표시된 제품을 선호하는 사람들도 있다. 따라서 이런 표시를 허용하지 않는다는 것은 현실을 무시한 판단이며, 소비자의 심리와 상황을 고려하지 않은 잘못된 결정이라고 볼 수 있다. 소비자청은 그 이름에 걸맞게 소비자 입장에서 행정을 운영해주었으면 한다.

제3장

국가와 기업은
믿을 수 없다!
첨가물에는
이런 악영향이 있다

인간을 대상으로 안전성을 조사한 것은 아니다

'첨가물은 몸에 해롭다'고 생각하는 사람이 많을 것이다. 내각부 식품안전위원회가 소비자를 대상으로 실시한 조사에서도 첨가물 안전성에 대해 '매우 불안하다', '어느 정도 불안하다'라고 답한 사람이 매년 50~60%에 달한다.

소비자들이 첨가물 안전성에 불안을 느끼는 이유 중 하나는 '안전성이 높다'는 이유로 사용이 허가된 첨가물이 갑자기 '발암성이 확인되었다'며 사용이 금지된 사례가 과거에도 여러 번 있었기 때문이다. 제2장에서 소개한 합성감미료인 치클로와 살균제 AF-2가 그러한 사례인데, 이후 다룰 표백제 과산화수소도 마찬가지다. 그리고 허가된 첨가물이 과연 인간에게도 안전한지 불확실하다는 점도 그 이유 중 하나다.

후생노동성은 사용이 허가된 첨가물에 대해 '안전성에 문제가 없다'고 말하고 있다. 하지만 첨가물 안전성은 모두 쥐 등을 이용한 동물 실험을 통해 조사된 것일 뿐, 인간을 대상으로 실험한 것이 아니다. 첨가물을 먹이에 섞어 쥐에게 먹이거나, 직접 투여한 뒤 그 영향을 조사하는 방식에 불과하다. 그리고 그렇게 얻은 실험 결과를 바탕으로 '인간에게 사용해도 괜찮을 것이다'라는 추측 아래 사용을 허가했을 뿐이다.

하지만 쥐 같은 동물과 인간은 엄연히 다르다. 쥐에게는 아무런 악영향이 나타나지 않더라도 신체 구조가 더욱 복잡하고 민감한 인간에게는 악영향을 미칠 가능성이 있다. 첨가물이 인간에게 미치는 영향은 사실 정확히 밝혀진 바가 없다. 현재 우리 몸에서 실험이 이루어지고 있는 것이나 마찬가지다. 그러므로 '실험 대상이 되고 싶지 않다'고 느끼는 것은 어떻게 보면 당연한 심리다.

일부 합성첨가물은 특히 위험하다

지정첨가물은 대부분이 화학적으로 합성된 물질, 즉 합성첨가물이다. 그리고 그중 일부는 특히 위험하다. 합성첨가물은 다음 두 가지 유형으로 크게 나뉜다.

① 자연계에 전혀 존재하지 않는 화학 합성물질
② 자연계에 존재하는 성분을 모방하여 화학적으로 합성한 것

①에 해당하는 것은 적색102호, 황색4호 등의 타르색소, 곰팡이방지제인 OPP, TBZ, 합성감미료인 수크랄로스, 아세설팜칼륨, 이후에 설명할 산화방지제인 BHA(부틸히드록시아니솔), BHT(부틸히드록시톨루엔) 등이다. 이러한 물질들은 대부분 체내에서

분해되지 않으며, 그로 인해 독성을 나타내는 경우가 많다.

반면 ②에 해당하는 것에는 젖산, 구연산, 사과산 등의 산, L-글루탐산나트륨, 글리신 등의 아미노산류, 비타민 A, B_1, B_2, C, E 등의 비타민류, 소르비톨 등의 당알코올 등이 있다. 이들은 원래 식품에 포함된 성분이 많기 때문에 독성은 그다지 강하지 않다. 그러나 인공적으로 합성된 순수 화학물질이므로 대량으로 섭취하거나 여러 종류를 한꺼번에 섭취하면 입 안, 위, 장 점막을 자극하여 통증이나 불쾌한 증상을 유발할 수 있다.

만약 플라스틱이 음식에 섞여 있다면, 여러분은 어떨 것 같은가? 당연히 먹고 싶지 않을 것이다. 화학적으로 합성된 플라스틱은 음식이 아니다. 체내에 들어가면 소화·흡수되지 않을 뿐만 아니라 우리 몸에 이로울 게 하나도 없다.

①의 자연계에 전혀 존재하지 않는 화학 합성물질은 플라스틱과 마찬가지로 체내에서 대사되지 않는다. 즉, 우리 몸에서 소화·분해되지 않는 것이다. 그리고 장으로 흡수되어 혈액으로 들어가 온몸을

순환하면서 세포 손상이나 유전자 변이를 일으킬 수 있다.

자연계에 존재하지 않는 화학 합성물질은 아직 밝혀지지 않은 부분이 많다

①에 해당하는 화학 합성물질은 최근에 만들어진 것이 많아 아직 밝혀지지 않은 부분도 많다. 따라서 인간이 섭취했을 때 어떤 영향을 미치는지 정확히 알 수 없으며 안전성 또한 밝혀지지 않았다. 제1장에서 다룬 첨가물들은 대부분 ①에 해당한다.

게다가 이들 가운데 상당수는 동물 실험에서 발암성이나 기형 유발 가능성이 확인되었고, 체내에서 발암 물질로 전환되거나 강한 급성 독성을 보이기도 한다. 아무리 생각해도 절대로 식품에 첨가해서는 안 되는 물질들이다. 설령 미량이라 해도 이러한 첨가물을 매일 섭취하면 암이나 장기 기능 저하 등의 장애가 발생할 위험이 있다. 그래서 '먹으면 안 되는 10대 식품첨가물'로 분류한 것이다. 이러한 첨가물 섭취를 피하는 것만으로도 암이나 선천성 장애 등의 발생을 예방할 수 있으리라고 본다.

그런데 위험한 첨가물은 이들뿐만이 아니다. 우선 일본의 전통 새해 음식인 오세치 요리에서 빠질 수 없는 '청어알'에 사용되는 표백제 '과산화수소'가 대표적이다. 1980년 1월 11일에 당시 후생성이 '과산화수소에 발암성이 확인되었으므로, 가능한 한 사용하지 말 것'이라는 통지를 갑작스레 식품업계에 전달했다. 후생성이 지원한 동물 실험에서 과산화수소의 발암성이 확인되었기 때문이다. 실험에서 과산화수소를 0.1% 및 0.4% 농도로 희석한 음료수를 마우스에게 74일간 먹인 결과, 십이지장에 암이 발생한 것이다.

그러나 가장 난감한 측은 식품업계였다. 당시 과산화수소는 표백제 및 살균제로서 삶은 국수, 어묵, 청어알 등에 널리 사용되었기 때문이다. 업계에서는 큰 혼란이 발생했고, 일부 식품업체는 '이 통지로 인해 입은 피해를 배상하라'며 일본 정부에 손해배상을 요구하기도 했다. 이러한 반발에 후생성도 당황하여, '과산화수소 사용은 허용하되, 최종 제품에 남아 있지 않도록 할 것'이라는 완화된 규정을 발표했다.

그러나 과산화수소가 잔류하는지 여부를 검사하는 것이 쉽지 않은 데다 당시에는 이를 확인할 기술도 제대로 확립되지 않았다. 결국 잔류 여부를 확인할 수 없다는 이유로 사실상 사용 금지 조치가 내려졌다.

이 조치로 인해 가장 큰 타격을 입은 것은 청어알 업계였다. 삶은 국수나 어묵 등은 다른 식품첨가물을 사용해 대체할 수 있지만, 청어알의 경우 깨끗하게 표백할 수 있는 다른 첨가물을 찾을 수 없었다. 이에 따라 업계 전체가 과산화수소를 제거하는 연구를 시작했다. 그리고 이듬해, 새로운 기술이 개발되었다. 청어알을 표백한 후 남아 있는 과산화수소를 '카탈라아제'라는 효소를 이용해 분해하고 제거하는 방법이었다.

이러한 기술이 확립되자 후생성은 '최종 식품이 완성되기 전에 분해 또는 제거할 것'이라는 조건을 붙여 과산화수소 사용을 다시 허가했다.

하지만 과연 과산화수소가 완전히 분해되었을까? 의구심이 든 나는 시중에서 판매되는 제품을 직접 조사해봤다.

1995년의 일로 다소 오래된 이야기지만, 나는 후쿠인칸쇼텐에서 발행하는 월간지 《어머니의 벗(母の友)》에서 청어알 관련 기사를 작성할 당시, 시중에 판매되는 제품을 자체적으로 조사한 바 있다. 조사 대상이 된 제품은 다음 네 가지였다(당시 기준).

1. 오다큐 백화점(도쿄도 신주쿠구)의 '소금 청어알'(1995년 3월 28일 가공)

2. 마루쇼쿠(도쿄도 시부야구)의 '양념 청어알'

3. 요크마트(도쿄도 미나토구)의 '양념 청어알'(1995년 4월 4일 가공)

4. 도부 백화점(치바현 후나바시시)의 '소금 청어알'(1995년 4월 6일 가공)

이들 제품을 구입해 일반재단법인 일본 식품분석센터에 가져가 과산화수소가 남아 있는지 조사를 의뢰했다. 그 결과, 도부 백화점의 '소금 청어알'과 요크마트의 '양념 청어알'에서 0.2ppm의 과산화수소가 검출되었다. 이것은 식품위생법 위반에 해당하며, 제품 회수 조치로 이어질 수도 있는 중요한 사실이었다. 나머지 두 제품은 검출 한계치(0.1ppm) 이하였다. 참고로, 요크마트의 '양념 청어알'은 니가타현의 가공업체에서, 도부 백화점의 '소금 청어알'은 홋카이도의 가공업체에서 공급받은 것이었다.

현재도 청어알 표백에는 과산화수소가 사용된다. 특히 소금 청어알 중에서 유난히 색이 선명하고 깨끗한 제품은 과산화수소가 잔류되어 있을 가능성이 크다. 예전에 도쿄도 시부야의 일본요리점에서 생선회와 튀김 등이 들어 있는 도시락을 먹은 적이 있다. 그 안에 작은 청어알이 곁들여져서 약간 불안했지만, 그래도 먹어보았다. 그러자 소독약 같은 이상한 맛이 났다. 과산화수소가 잔류한 것일지도 모른다.

과산화수소를 사용하지 않은 청어알을 먹고 싶은 사람들에게는 간장으로 양념된 제품을 추천한다. 간장의 갈색으로 착색되었기 때문에 표백할 필요가 없어 과산화수소가 사용되지 않았을 가능성이 높기 때문이다. 다만 원재료 단계에서 이미 표백된 청어알을 사용한 경우, 이러한 제품에서도 과산화수소가 사용되었을 가능성이 있다. 따라서 100% 사용되지 않았다고는 단언할 수 없지만, 유독 깨끗한 소금 청어알보다는 사용되지 않았을 확률이 높다.

멸치에도 발암성 물질이!

발암성이 확인되었음에도 여전히 사용이 허용되는 식품첨가물이 또 있다. 바로 산화방지제 'BHA'이다. BHA는 주로 멸치 등의 식품에 사용된다.

BHA의 발암성이 밝혀진 것은 약 40년 전의 일이다. 나고야시립대학 연구팀이 BHA를 0.5% 및 2.0% 함유한 사료와 BHA가 전혀 들어 있지 않은 사료를 래트에게 2년간 급여하는 실험을 진행했다. 그 결과, 2.0% BHA를 함유한 사료를 먹인 쥐의 전위(前胃)에서 암이 발생했다. 이 결과를 바탕으로 당시 후생성은 BHA 사용 금지를 결정했다.

그런데 예상치 못한 곳에서 반발이 제기되었다. 바로 미국과 유럽 여러 국가의 정부였다. 이들 국가는 BHA를 식품첨가물로 사용하기 때문에 일본이 BHA 사용을 금지하면 자국 소비자들에게 불안과 혼란을 초래할 것이라는 주장을 내세웠다. 이에 대해 후생성은 해당 국가들의 반발을 순순히 받아들였고, BHA 사용 금지 조치를 철회해버렸다. 그러나 이미 BHA의 발암성이 밝혀진 상황에서 그대로 사용을 허용할 수도 없는 노릇이었다.

결국 고육지책으로 BHA 사용을 '팜유'와 '팜핵유'에만 한정하고, 이들 원료에서 추출된 유지는 'BHA를 함유해서는 안 된다'는 조건을 붙였다.

립스틱 등 화장품도 주의해야 한다

그러나 위에서 언급한 두 가지 조건은 1999년 4월에 철폐되고 말았다. 그 결과 유지, 버터, 건조 해산물, 냉동 해산물 등에도 BHA 사용이 가능해졌다. '인간에게는 전위(前胃)가 없으므로 암을 유발하는지 불분명하다'는 것이 이유였다.

그러나 인간에게 전위가 있건 없건 동물 실험에서 BHA가 암을 유발한다는 사실이 확인된 이상, 해당 화학 합성물질 사용을 금지하는 게 당연하다고 생각한다. 그런데도 후생성은 이해할 수 없는 논리를 내세우며 그 사용을 폭넓게 허용하고 있다.

다행히도 현재는 BHA가 거의 사용되지 않는다. 대신 안전성이 높은 비타민E가 산화방지제로 사용된다. 다만 가끔 '산화방지제(BHA)'라고 표시된 멸치 제품이 보일 때가 있으므로 주의가 필요하다.

BHA와 유사한 첨가물로 'BHT'가 있다. 이 또한 산화방지제다. BHT 역시 래트를 대상으로 한 실험에서 간암을 유발한다는 사실이 확인되었다. 또 0.1% BHT를 라드(돼지기름)와 함께 사료에 첨가하여 래트에게 급여한 실험에서는 태어난 새끼에게 '무안구증(안구가 완전히 결손된 상태)'이 확인되었다. 즉, 기형 유발 가능성도 의심되는 물질이다. 그러나 암이 발생하지 않았다는 동물 실험 결과도 존재하기 때문에 현재도 사용되고 있다.

BHT는 식품에서는 거의 사용되지 않지만, 립밤, 립스틱, 자외선 차단제 등에는 흔히 사용된다. 특히 립밤이나 립스틱은 침에 녹아 체내로 들어갈 위험이 높다. 따라서, 'BHT'가 표시된 제품은 사용하지 않는 것이 좋다.

특히 임산부는 첨가물 섭취에 주의해야 한다

발암성과 함께 우려되는 독성으로 기형아 유발성, 즉 태아에게 장애를 일으킬 수 있는 독성이 있다. 제1장에서 다룬 곰팡이방지제인 TBZ는 쥐를 대상으로 한 실험에서 기형아 유발성이 확인되었다. TBZ는 수입 레몬이나 자몽, 오렌지 껍질뿐만 아니라 과육에서도 검출된다. 따라서 임신한 여성이 이러한 감귤류를 지속적으로 섭취하면 태아에게 영향을 미칠 수도 있다.

또한 합성감미료인 아세설팜칼륨의 경우, 임신한 래트를 대상으로 한 실험에서 태아에게 전달된다는 사실이 확인되었다. 이 실험에서는 태아에 대한 직접적인 영향은 확인되지 않았지만, 인간에게 어떠한 영향을 미칠지는 알 수 없다.

이 외에도 태아에게 영향을 미칠 가능성이 있는 첨가물이 더 있다. TBZ나 아세설팜칼륨과 유사한 화학 합성물질은 태아에게 영향을 미칠 가능성이 크다고 본다. 자연계에 존재하지 않는 화학 합성물질로, 체내에서 쉽게 분해되지 않고 분자량이 비교적 작은 물질이기 때문이다. 곰팡이방지제인 OPP와 디페닐, 합성감미료인 사카린 등은 이러한 조건에 부합하는 물질이다.

태아는 매우 민감한 존재다. 특히 수정 후 세포가 활발하게 분열하는 동안에는 외부 영향을 크게 받는다. 이 시기에 독성이 있는 화학 합성물질이 작용하면 세포 분열과 손, 발, 머리 등의 형성 과정이 방해를 받을 가능성이 있다. 따라서 태아 성장에 방해가 될 수 있는 화학 합성물질이 전달되지 않도록 해야 한다. 그런 의미에서 192쪽 ①의 자연계에 존재하지 않는 화학 합성물질로 만들어진 첨가물은 가능한 한 섭취하지 않는 것이 좋다.

그 밖에 각 장기에 대한 손상이 우려된다. 특히 간 손상이 걱정되는데, 그 이유는 간이 체내에 들어온 독성물질을 해독하는 기관이기 때문이다.

일반적으로 화학 합성물질이 체내에 들어와 소화·분해되지 않은 채 흡수되면, 이러한 이물질이 몸속을 계속 순환하다가 결국 간에서 처리된다. 그러면 간에 부담을 주게 되고, 간이 이를 처리하지 못할 경우에는 간세포가 손상될 수 있다. 간의 경우, 세포가 손상되면 GPT 등의 효소가 증가하므로 그 수치를 조사함으로써 간 손상 여부를 알 수 있다.

제1장에서 언급한 바와 같이 아세설팜칼륨의 경우, 개를 대상으로 한 실험에서 GPT 수치가 상승한 것이 확인되었다. 따라서 간에 손상을 줄 가능성이 있다. 아세설팜칼륨 외에도 유사한 첨가물들이 간에 손상을 줄 위험이 있다고 본다.

신장에 대한 영향도 우려된다. 신장은 매우 민감한 장기로, 한 번 조직이 손상되면 원 상태로 회복되지 않는다. 따라서 한 번 신장 기능을 잃은 사람은 평생 인공 투석을 받아야 하거나 신장 이식을 받지 않으면 생명을 유지할 수 없다.

체내로 들어온 화학 합성물질이 소화·분해되지 않은 채 흡수되어 체내를 계속 순환하다가 결국 신장에 도달하게 되고 소변과 함께 배설된다. 이때 화학 합성물질이 신장의 핵심 조직인 사구체나 세뇨관 등에 손상을 주지 않을까 염려된다.

그러나 설령 첨가물이 간이나 신장에 손상을 주었다 하더라도 그 인과관계를 명확히 밝히기란 불가능하다. 간이나 신장 기능을 약화시키는 요인은 여러 가지가 있어서 원인을 특정하기가 어렵기 때문이다. 따라서 우리가 할 수 있는 일은 그러한 화학 합성물질을 가능한 한 섭취하지 않는 것이다.

첨가물은 면역력을 떨어뜨릴 가능성도 있다

또 하나 염려되는 점은 '면역'에 미치는 영향이다. 즉, 면역력을 떨어뜨리거나 면역을 자극하여 알레르기를 유발할 가능성이 있다는 의미다.

면역이란 우리 몸을 지키는 방어군과 같은 것으로 인체에 매우 중요한 역할을 한다. 만약 면역이 없다면 인간은 살 수 없다. 사실 눈에 보이지 않지만, 공기 중에는 곰팡이나 세균 등의 미생물이 떠다니면서 항상 우리 몸속에 침입하려고 호시탐탐 노리고 있다. 이를 막아주는 것이 바로 면역이다.

그런데도 완벽히 방어하기는 어려워 겨울철에는 감기 바이러스나 인플루엔자 바이러스의 침입을 받아 끙끙 앓기도 한다. 또한, 믿기 힘들겠지만 우리 몸속에는 곰팡이, 세균, 바이러스 등이 무수히 서식하고 있다. 그것들이 과도하게 증식하지 않도록 억제하는 역할을 하는 것도 면역이다.

하지만 일부 첨가물은 이러한 중요한 면역 기능을 떨어뜨릴 위험이 있다. 먼저 제1장에서 언급한 합성감미료 아세설팜칼륨이 대표적이다. 개를 대상으로 한 실험에서 림프구를 감소시킨다는 사실이 밝혀졌다. 림프구는 면역 기능의 핵심을 담당하는 백혈구로, 감소하면 면역력이 눈에 띄게 저하된다.

참고로 에이즈(후천성면역결핍증후군)는 HIV(인간면

역결핍바이러스)에 의해 림프구의 한 종류인 T림프구가 파괴되고 감소함으로써 발생하는 질병이다.

두드러기를 유발하는 첨가물

첨가물은 면역을 비정상적으로 자극하여 알레르기를 유발할 가능성도 있다. 제1장에서 언급한 바와 같이 타르색소인 적색102호, 황색4호, 황색5호가 두드러기를 유발한다는 사실은 피부과 의사들 사이에서 잘 알려져 있다. 아마도 면역 시스템이 그것들을 이물질로 인식하고 배출하려고 한 결과, 두드러기 같은 증상이 나타난 것으로 보이는데, 이러한 반응은 일종의 경고 반응이라고도 할 수 있다.

타르색소는 인체에 이로울 게 하나도 없다. 단백질이나 탄수화물과 달리 영양소가 아니기 때문이다. 또한, 타르색소는 분자량이 작아 장에서 쉽게 흡수되어 몸속을 돌아다닌다. 아마도 우리 몸에는 불필요한 성분일 것이다. 게다가 유전자 변이를 유발할 가능성이 있는 위험한 물질이라고도 할 수 있다.

그래서 몸을 지키는 방어군 역할을 하는 면역 시스템이 이를 배출하려 하거나 '이상한 물질이 들어왔다'는 신호를 보내는 것으로 보인다. 그 결과, 피부가 붉어지거나 부어오르는 두드러기 증상이 나타나는 것이다. 이런 증상을 통해 몸에 이물질이 들어왔다는 사실을 스스로 알아차릴 수 있게 된다.

두드러기를 유발한다고 알려진 적색102호, 황색4호, 황색5호는 자주 사용되는 첨가물이기 때문에 그만큼 어린이들이 이를 섭취할 기회가 많아 두드러기 증상이 나타나는 경우도 많을 것이다. 따라서 다른 타르색소도 섭취하면 사람에 따라 두드러기 증상이 나타날 수 있다.

조미료로 사용된 첨가물이 작열감과 두근거림을 유발한다

앞서 설명한 내용들은 192쪽의 ① 자연계에 전혀 존재하지 않는 화학 합성물질이 초래하는 피해를 주로 다룬 것이다. 그렇다면 또 다른 합성첨가물, 즉 ② 자연계에 존재하는 성분을 모방하여 화학적으로 합성한 물질은 어떨까?

이러한 첨가물에는 아디프산, 글루콘산, 젖산 등의 산미료, L-글루탐산나트륨 등의 조미료, 비타민 A, C, E 등이 있다. 이들은 원래 식품에 들어 있는 성분이 많아서 독성이 그리 강하지 않아 비교적 안전한 편이다. 그러나 이러한 성분이라도 한꺼번에 다량 섭취하면 부작용을 일으킬 수 있다. 그 대표적인 예가 바로 조미료인 L-글루탐산나트륨이다.

L-글루탐산나트륨은 가장 널리 사용되는 첨가물 중 하나다. 제품에 '조미료(아미노산)' 또는 '조미료(아미노산 등)'라고 표기되어 있다면, L-글루탐산나트륨이 사용된 것이다. 컵라면, 인스턴트 라면, 감자칩, 스낵 과자, 편의점 도시락, 편의점 삼각김밥, 다시다, 파스타 소스, 수프의 원료 등, L-글루탐산나트륨이 들어가는 식품은 셀 수도 없이 많다.

L-글루탐산나트륨은 원래 다시마에 함유된 감칠맛 성분으로, 1908년 일본의 화학자 이케다 기쿠나에 박사가 발견했다. 그 후 화학적으로 합성되기 시작해, 현재는 사탕수수를 원료로 발효법을 통해 생산되고 있다. 다시마에 함유된 성분이므로 안전

성이 높고, 동물 실험에서도 독성이 거의 확인되지 않았다. 그러나 화학물질이기 때문에 한 번에 다량 섭취하면 부작용이 나타날 수 있다.

실제로 과거 미국에서 L-글루탐산나트륨과 관련된 사건이 발생했다. 1968년, 보스턴 근교의 한 중국 음식점에서 사람들이 완탕 수프를 먹은 후 얼굴과 목, 팔 등에 작열감과 저림, 두근거림, 현기증, 극심한 피로감 등을 호소한 것이다. 조사 결과, 완탕 수프에 다량 첨가된 L-글루탐산나트륨이 원인으로 지목되었다.

첨가물로 인한 증상은 개인차가 크다

이 증상은 '중국 식당 증후군'이라고 불리게 되었다. 아마도 L-글루탐산나트륨이 과다하게 포함된 탓에 소화기관에서 제대로 처리되지 못하고 빠르게 흡수되어 혈액으로 들어가 특정한 세포나 신경을 자극했을 가능성이 크다.

이러한 증상은 시중에서 판매되는 컵라면 등을

먹었을 때도 일어날 수 있다. L-글루탐산나트륨이 대량으로 사용되었기 때문에 수프에 녹은 이 성분이 장에서 흡수되어 전신을 돌면서 팔, 어깨, 얼굴 등에 작열감을 유발한 것으로 보인다.

나는 지금까지 여러 번 컵라면을 시식해봤는데, 그때마다 어깨와 팔, 얼굴에 작열감이 느껴졌다. 단순히 뜨거운 물이나 차를 마셨을 때 몸이 따뜻해지는 느낌과는 전혀 달랐고, '작열감'이라는 표현이 가장 적절했다. 가슴이 두근거린 적도 있었다. 비슷한 현상은 컵수프를 먹었을 때도 나타났다. 여기에도 L-글루탐산나트륨이 사용된 것이다.

다만, 이러한 첨가물로 인해 받는 영향은 개인차가 크다. 즉, 어떤 사람은 명확하게 증상을 느끼는 반면에 어떤 사람은 전혀 느끼지 못한다. 그래서 전혀 증상을 느끼지 못하는 사람은 '대체 무슨 소리를 하는 거지?'라고 생각할 수도 있지만, 이와 반대로 증상을 느끼는 사람에게는 매우 심각한 문제가 된다.

그러나 증상을 느끼지 않는 사람이라도 몸에 어떤 영향을 받고 있다는 것만은 분명하다. 단지 그

영향을 인식하느냐 하지 않느냐의 차이일 뿐이다.

천연첨가물도 주의해야 한다

첨가물에는 그 밖에 식물이나 해조류, 곤충, 세균, 광물 등에서 색소나 점성 물질 등의 특정 성분을 추출한 것, 즉 천연첨가물(기존첨가물)이 있다. 2024년 4월 기준, 357품목의 사용이 허가되어 있다.

천연첨가물은 자연계에 존재하는 성분이므로 지금까지의 동물 실험에서 전반적으로 합성첨가물보다 비교적 독성이 낮다는 사실이 밝혀졌다. 그러나 그중에는 '아카네색소(꼭두서니 식물에서 유래한 말로 붉은색을 내는 천연색소 중 하나-역자)'처럼 위험한 것도 있다. 아카네색소는 햄과 소시지에 사용되었으나 새롭게 진행된 동물 실험에서 발암성이 확인되면서 2004년 7월 사용이 금지되었다. 따라서 천연첨가물이라 하더라도 충분한 주의가 필요하다. 특히 다음 제시된 천연첨가물들은 안전성 문제가 제기되므로 가능하면 피하는 것이 좋다.

· **트래거캔스검(증점제)** – 콩과 식물인 트래거캔스의 분비액을 건조하여 얻은 증점다당류. 젤리 과자, 소스, 드레싱 등에 사용되는데, 마우스에게 1.25% 및 5% 포함한 사료를 96주간 급여한 실험에서는 암컷의 체중이 다소 감소하고, 전위에 유두종 및 암 발생이 확인되었다. 용량 의존성이 명확하지 않아 발암성이 있다고 단정할 수는 없지만 안전하다고 보기는 어렵다.

· **퍼셀러랜(증점제)** – 홍조류인 퍼셀러리아(Furcellaria)에서 가열한 물 또는 알칼리성 수용액으로 추출한 증점다당류. 아이스크림, 요구르트, 젤리 등에 사용된다. 달걀 1개당 5mg을 투여한 결과, 눈과 위턱 부위에 이상이 확인되었다.

· **카라기난(증점제)** – 해조류에서 건조 및 분쇄하여 얻거나 가열한 수산화칼륨으로 처리 후 건조 및 분쇄하여 얻는 증점다당류. 샤브샤브 소스, 드레싱, 수프, 디저트류 등에 사용되는데, 래트에게 발암물질을 투여한 뒤 카라기난 15%를 포함한 사료를 급여한 실험에서 결장 종양 발생률이 증가했다. 또 발암물질을 투여하지 않고 카라기난만 포함된 사료를 급여한 경우에도 래트 1마리에서 결장 선종이 발생했다.

· **투야플리신(보존료)** - 측백나뭇과인 나한백의 줄기나 뿌리에서
알칼리성 수용액과 용제로 추출한 물질이다. 히노키티올이라고
도 한다. 치즈, 빵, 잼 등에 사용되는데, 임신한 마우스에게 올리브
오일에 용해시킨 히노키티올을 체중 1kg당 0.42g, 0.56g, 0.75g,
1.0g씩 각각 1회 경구 투여한 실험에서 구순열, 구개열 등이 발견
되어 기형아 유발성이 있다는 사실이 밝혀졌다.

천연첨가물도 알레르기 증상을 유발한다

이 외에도 천연첨가물 중에는 알레르기를 유발하는
것이 있다.

소비자청은 2012년 5월, '코치닐색소'가 호흡곤
란 등의 심각한 급성 알레르기를 일으킬 가능성이
있다며 주의를 촉구했다. 코치닐색소는 중남미에
서식하는 '연지벌레'라는 곤충에서 추출한 붉은색
색소로 카민산(carminic acid)을 주성분으로 한다. 청
량음료, 과자류, 햄, 어묵 등에 사용되며, 의약품과
화장품(립스틱, 아이새도 등)에도 들어 있다.

소비자청에 따르면, 지금까지 코치닐색소가 포

함된 화장품 사용이나 음식 섭취로 인해 가려움증, 두드러기, 발진, 호흡곤란 등의 알레르기 증상이 나타난 사례가 보고되었다. 또한, 붉은색 색소가 포함된 화장품을 사용하면서 가려움을 느꼈던 한 여성이 코치닐색소가 들어간 음식을 먹은 후 호흡곤란을 동반한 심각한 알레르기 반응을 보인 사례도 있다.

이것은 하나의 사례에 불과하지만, 두드러기 등의 증상을 유발하는 천연첨가물이 더 있을 가능성이 있다. 따라서 어떤 음식을 먹고 두드러기 등의 증상이 나타났을 경우, 그 음식에 어떤 첨가물이 사용되었는지 확인하고 해당 첨가물이 포함된 식품을 피해야 한다.

제4장

첨가물로부터
몸을 지키기 위해
알아두어야 할 것

'10대 식품첨가물'은 최대한 피한다

현대 사회에서 살아가는 이상, 첨가물을 전혀 섭취하지 않는다는 것은 거의 불가능하다. 생협에서 판매되는 식품에도 첨가물이 포함되어 있다. 그러므로 위험성이 높은 첨가물을 최대한 피함으로써 그로 인한 피해를 입지 않도록 주의하는 것이 현실적인 대처법이다.

그러려면 우선 이 책에서 다룬 '10대 식품첨가물'이 들어간 식품은 최대한 피해야 한다. 이들 대부분은 물질명이 표기되어 있으며, 대개 용도명도 함께 기재되어 있다. 따라서 원재료명을 꼼꼼히 확인하면 해당 첨가물이 사용되었는지 여부를 확인할 수 있다. 만약 이러한 첨가물이 적혀 있다면 해당 식품을 구매하지 않는 것이 좋다.

이런 습관을 기르는 것만으로도 대장암이나 위암, 기타 암에 걸릴 확률을 낮출 수 있으리라 생각한다. 또한, 태아가 선천성 장애를 가질 확률도 줄일 수 있다. 더불어 간과 신장 질환, 면역력 저하로 인한 감염증, 치매나 뇌졸중 발생 위험도 낮출 수 있을 것으로 보인다.

그리고 위험성이 낮은 합성첨가물, 예를 들어 구연산이나 젖산, 사과산, L-글루탐산나트륨, 비타민 A, C, E 등과 같이 원래 식품에 포함된 성분을 모방해 화학적으로 합성한 것이라도 한꺼번에 다량 섭취하거나 여러 종류를 동시에 섭취하면, 중국 식당 증후군을 일으키거나 위부 불쾌감, 하복부 둔통, 잇몸이나 혀의 자극감 등이 발생할 수 있다.

특히 첨가물이 많이 든 식품으로는 편의점 도시락, 파스타, 볶음면, 샌드위치 외에도 케이크류, 빵류, 가공된 제빵류 등이 있다. 이러한 제품을 구매할 때는 원재료명을 반드시 확인하고, 첨가물이 최대한 적은 제품을 선택하는 것이 바람직하다.

왜 이렇게까지 암에 걸리는 사람이 많은가

지금까지 여러 가지 첨가물의 해악을 지적해왔지만, 그중에서도 가장 무서운 것은 암이다. 현재 모든 일본인이 암의 위협에 직면해 있다고 해도 과언이 아니다. 실제로 4명 중 1명이 암으로 사망하고 있으며, 2명 중 1명꼴로 암에 걸리는 시대가 되었다. 내 지인 중에도 40대에 폐암이나 뇌종양으로 세상을 떠난 사람, 50대에 대장암이나 간암, 자궁암 등으로 고통받는 사람이 여럿 있다.

요즘은 암을 두고 치료가 가능한 병이라고 하지만, 일단 암이 발병하면 각종 검사를 받아야 할뿐더러, 수술, 항암제 치료, 방사선 치료와 같은 고통스러운 치료를 견뎌야 한다. 게다가 치료를 받았다고 해서 반드시 생존할 수 있다는 보장도 없다.

그렇다면 왜 이렇게 암에 걸리는 사람이 많은가?

인체는 자연에서 얻은 음식 속에 포함된 탄수화물, 단백질, 지방 등을 효과적으로 처리할 수 있는 능력을 갖추고 있다. 이러한 영양소를 소화 흡수하여 에너지로 활용하며, 세포 재료로 사용한다. 그리고 소화되지 않는 식이섬유는 그대로 배출한다.

하지만 화학적으로 합성된 물질은 인체에 필요한 것이 아닌데도 그대로 장에서 흡수되는 경우가 많다. 게다가 인체에는 자연계에 존재하지 않는 화학 합성물질을 효과적으로 처리하는 능력이 갖춰져 있지 않다.

그 결과, 이러한 화학 합성물질은 '이물질'이 되어 몸속을 돌아다니게 된다. 그러다 신체의 다양한 시스템을 교란하고, 결국 세포를 암으로 변화시키는 원인이 되지 않을까 추측된다. 그중에서도 가장 위험한 것이 '10대 식품첨가물'이다.

건강은 인생에서 무엇보다 중요한 자산이다. 만약 병에 걸려 입원하게 되면, 치료비와 입원비가 들 뿐 아니라 당분간 일을 쉬어야 한다. 상황에 따라서는 회사를 그만두게 되는 일도 생길 수 있다. 회사는 본래 냉정한 곳이어서 필요 없어진 직원은 망설임 없이 내쳐지게 마련이다.

나는 26세에 한 작은 신문사에 입사했고, 이듬 해 퇴사하여 프리랜서 기자가 되었다. 그 후 잡지나 신문 등에 기사를 쓰며 활동했고, 책을 출판할 기회도 생겨 그러한 생활을 40년 넘게 이어올 수 있었다. 하지만 잡지에 기사가 실리지 않으면 수입이 끊기고, 책이 출판되지 않으면 인세도 들어오지 않는다. 그렇게 되면 생계가 어려워지고, 심할 경우 집을 잃을 수도 있다.

실제로 은행 계좌 잔고가 2만 엔(약 20만 원) 정도밖에 없었던 적도 있다. 그런 빠듯한 생활을 상당히 오래 해왔다. 그래도 어떻게든 생활을 이어올 수 있었던 것은 내가 건강했기 때문일 것이다. 만약 중간에 아파서 장기 입원이라도 했다면, 지금처럼 계속 글을 쓸 수 있었을지 장담할 수 없다.

내가 지금까지 한 번도 입원하지 않고, 큰 병 없이 살아올 수 있었던 것은 무엇보다 식생활에 꾸준히 신경 써왔기 때문이라고 자부한다. 특히 식품 첨가물에 대해서는 경각심을 가지고 위험성이 높은 첨가물이 들어간 음식은 되도록 사먹지 않으려 노력했다. 그중에서도 '10대 식품첨가물'만큼은 절대 섭취하지 않도록 각별히 주의해왔다. 또한 제3장에서 다룬, 위험성이 지적된 첨가물들도 가능한 한 피하려고 했다. 물론 이런 노력만으로 건강을 유지할 수 있었다고 생각하지는 않는다. 하지만 인체에 이물질로 작용해 간이나 신장 등에 손상을 주거나 세포 유전자를 변이시킬 가능성까지 있는 첨가물의 섭취를 피한 것은 신체에 가해지는 부담을 줄이는 현명한 선택이었다고 믿는다.

여러분도 건강한 삶을 원한다면 '10대 식품첨가물'은 피하길 당부드린다.

실험 데이터 등 참고 문헌

- 《수크랄로스 지정에 관하여》(후생노동성행정정보)
- 《아세설팜의 지정에 관하여》(후생노동성 행정정보)
- 《제7판 식품첨가물 공정서 해설서》(다니무라 아키오 외 감수, 히로가와쇼텐 간행)
- 《식품첨가물의 실제 지식(제3판 및 제4판)》(다니무라 아키오 저, 도요게이자이신문사 간행)
- 《암에 걸리는 사람, 걸리지 않는 사람》(쓰가네 쇼이치로 저, 고단샤 간행)
- 《발암물질 사전》(이즈미 구니히코 저, 고도출판 간행)
- 《암은 왜 생기는가》(나가타 지카요시 저, 고단샤 간행)
- 《기존 천연첨가물 안전성 평가에 관한 조사 연구-1996년 후생과학 연구 보고서-》(후생성 생활위생국 식품화학과 감수, 일본 식품첨가물협회 발행)
- 《천연첨가물의 안전성에 관한 문헌 조사-1991년 3월 3일》(도쿄도생활문화국 발행)
- 《1997년 위탁 조사 보고서 천연첨가물의 안전성에 관한 문헌 조사 1998년 5월》(도쿄도 생활문화국 소비자부 계획조정실 발행)
- 《프로젝트 연구 II 천연첨가물의 품질에 관한 연구 2000년 3월》(도쿄도립위생연구소 발행)
- 〈첨가물 평가서 사카린칼슘〉(내각부 식품안전위원회 작성)
- 〈농약 평가서(안) 플루다이옥소닐〉(식품안전위원회 농약전문조사회 작성)
- 〈농약·첨가물 평가서(안) 아족시스트로빈(제6판)〉(내각부 식품안전위원회 작성)
- 〈농약·첨가물 평가서(안) 피리메타닐〉(내각부 식품안전위원회 작성)
- 〈농약·첨가물 평가서(안) 프로피코나졸(제2판)〉(식품안전위원회 농약전문조사회 작성)
- 《IARC Monographs evaluate consumption of red meat and processed meat》(WHO PRESS RELEASE No.240)
- 《Sugar-and Artificially Sweetened Beverages and the Risks of Incident Stroke and Dementia: A Prospective Cohort Study》(Stroke May 2017)